天体的运动只不过是某种永恒的复调音乐而已，要用才智而不是耳朵来倾听。

——开普勒

你看，骰子已经掷下，书已写成，至于这是供我的同时代人阅读还是供子孙后代阅读已经无关紧要。既然上帝本尊已经为祂的研究者准备好了，并且已达六千年之久，那就让这本书等待它的读者一百年吧！

——开普勒

开普勒的有序和谐是一种伟大的哲学思想，一种超越时代、超越历史和具有永久生命力的伟大哲学思想。

——黑格尔（G. W. F. Hegel，1770—1831）

本书列入“十四五”国家重点图书出版规划

科学元典丛书

The Series of the Great Classics in Science

主　　编　任定成

执行主编　周雁翎

策　　划　周雁翎

丛书主持　陈　静

科学元典是科学史和人类文明史上划时代的丰碑，是人类文化的优秀遗产，是历经时间考验的不朽之作。它们不仅是伟大的科学创造的结晶，而且是科学精神、科学思想和科学方法的载体，具有永恒的意义和价值。

The Harmony of the World

［德］开普勒 著 凌复华 译

图书在版编目(CIP)数据

世界的和谐 /（德）开普勒著；凌复华译 . —北京：北京大学出版社，2023.7

（科学元典丛书）

ISBN 978-7-301-33839-1

Ⅰ. ①世… Ⅱ. ①开… ②凌… Ⅲ. ①地球科学 ②天文学 Ⅳ. ①P

中国国家版本馆CIP数据核字(2023)第046595号

THE HARMONY OF THE WORLD
By Johannes Kepler
Translated by Charles Glenn Wallis
Chicago：Encyclopedia Britannica，Inc.，1952

书　　名　世界的和谐
SHIJIE DE HEXIE
著作责任者　[德]开普勒 著　凌复华 译
丛书策划　周雁翎
丛书主持　陈　静
责任编辑　陈　静
标准书号　ISBN 978-7-301-33839-1
出版发行　北京大学出版社
地　　址　北京市海淀区成府路205号　100871
网　　址　http://www. pup. cn　新浪微博：@ 北京大学出版社
微信公众号　科学元典（微信号：kexueyuandian）
电子信箱　zyl@ pup. pku. edu. cn
电　　话　邮购部 010-62752015　发行部 010-62750672　编辑部 010-62707542
印 刷 者　北京中科印刷有限公司
经 销 者　新华书店
787毫米×1092毫米　16开本　8插页　13.75印张　200千字
2023年7月第1版　2023年7月第1次印刷
定　　价　68.00元

弁 言

· *Preface to the Series of the Great Classics in Science* ·

这套丛书中收入的著作，是自古希腊以来，主要是自文艺复兴时期现代科学诞生以来，经过足够长的历史检验的科学经典。为了区别于时下被广泛使用的“经典”一词，我们称之为“科学元典”。

我们这里所说的“经典”，不同于歌迷们所说的“经典”，也不同于表演艺术家们朗诵的“科学经典名篇”。受歌迷欢迎的流行歌曲属于“当代经典”，实际上是时尚的东西，其含义与我们所说的代表传统的经典恰恰相反。表演艺术家们朗诵的“科学经典名篇”多是表现科学家们的情感和生活态度的散文，甚至反映科学家生活的话剧台词，它们可能脍炙人口，是否属于人文领域里的经典姑且不论，但基本上没有科学内容。并非著名科学大师的一切言论或者是广为流传的作品都是科学经典。

这里所谓的科学元典，是指科学经典中最基本、最重要的著作，是在人类智识史和人类文明史上划时代的丰碑，是理性精神的载体，具有永恒的价值。

一

科学元典或者是一场深刻的科学革命的丰碑，或者是一个严密的科学体系的构架，或者是一个生机勃勃的科学领域的基石，或者是一座传播科学文明的灯塔。它们既是昔日科学成就的创造性总结，又是未来科学探索的理性依托。

哥白尼的《天体运行论》是人类历史上最具革命性的震撼心灵的著作，它向统治西方思想千余年的地心说发出了挑战，动摇了“正统宗教”学说的天文学基础。伽利略《关于托勒密和哥白尼两大世界体系的对话》以确凿的证据进一步论证了哥白尼学说，更直接地动摇了教会所庇护的托勒密学说。哈维的《心血运动论》以对人类躯体和心灵的双重关怀，满怀真挚的宗教情感，阐述了血液循环理论，推翻了同样统治西方思想千余年、被“正统宗教”所庇护的盖伦学说。笛卡儿的《几何》不仅创立了为后来诞生的微积分提供了工具的解析几何，而且折射出影响万世的思想方法论。牛顿的《自然哲学之数学原理》标志着17世纪科学革命的顶点，为后来的工业革命奠定了科学基础。分别以惠更斯的《光论》与牛顿的《光学》为代表的波动说与微粒说之间展开了长达200余年的论战。拉瓦锡在《化学基础论》中详尽论述了氧化理论，推翻了统治化学百余年之久的燃素理论，这一智识壮举被公认为历史上最自觉的科学革命。道尔顿的《化学哲学新体系》奠定了物质结构理论的基础，开创了科学中的新时代，使19世纪的化学家们有计划地向未知领域前进。傅立叶的《热的解析理论》以其对热传导问题的精湛处理，突破了牛顿的《自然哲学之数学原理》所规定的理论力学范围，开创了数学物理学的崭新领域。达尔文《物种起源》中的进化论思想不仅在生物学发展到分子水平的今天仍然是科学家们阐释的对象，而且100多年来几乎在科学、社会和人文的所有领域都在施展它有形和无形的影响。《基因论》揭示了孟德尔式遗传性状传递机理的物质基础，把生命科学推进到基因水平。爱因斯坦的《狭义与广义相对论浅说》和薛定谔的《关于波动力学的四次演讲》分别阐述了物质世界在高速和微观领域的运动规律，完全改变了自牛顿以来的世界观。魏格纳的《海陆的起源》提出了大陆漂移的猜想，为当代地球科学提供了新的发展基点。维纳的《控制论》揭示了控制系统的反馈过程，普里戈金的《从存在到演化》发现了系统可能从原来无序向新的有序态转化的机制，二者的思想在今天的影响已经远远超越了自然科学领域，影响到经济学、社会学、政治学等领域。

科学元典的永恒魅力令后人特别是后来的思想家为之倾倒。欧几里得的《几何原本》以手抄本形式流传了1800余年，又以印刷本用各种文字出了1000版以上。阿基米德写了大量的科学著作，达·芬奇把他当作偶像崇拜，热切搜求他的手稿。伽利略以他的继承人自居。莱布尼兹则说，了解他的人对后代杰出人物的成就就不会那么赞赏了。为捍卫《天体运行论》中的学说，布鲁诺被教会处以火刑。伽利略因为其《关于托勒密和哥白尼两大世界体系的对话》一书，遭教会的终身监禁，备受折磨。伽利略说吉尔伯特的《论磁》一书伟大得令人嫉妒。拉普拉斯说，牛顿的《自然哲学之数学原理》揭示了宇宙的最伟大定律，它将永远成为深邃智慧的纪念碑。拉瓦锡在他的《化学基础论》出版后5年被法国革命法庭处死，传说拉格朗日悲愤地说，砍掉这颗头颅只要一瞬间，再长出这样的头颅100年也不够。《化学哲学新体系》的作者道尔顿应邀访法，当他走进法国科学院会议厅时，院长和全体院士起立致敬，得到拿破仑未曾享有的殊荣。傅立叶在《热的解析理论》中阐述的强有力的数学工具深深影响了整个现代物理学，推动数学分析的发展达一个多世纪，麦克斯韦称赞该书是"一首美妙的诗"。当人们咒骂《物种起源》是"魔鬼的经典""禽兽的哲学"的时候，赫胥黎甘做"达尔文的斗犬"，挺身捍卫进化论，撰写了《进化论与伦理学》和《人类在自然界的位置》，阐发达尔文的学说。经过严复的译述，赫胥黎的著作成为维新领袖、辛亥精英、"五四"斗士改造中国的思想武器。爱因斯坦说法拉第在《电学实验研究》中论证的磁场和电场的思想是自牛顿以来物理学基础所经历的最深刻变化。

在科学元典里，有讲述不完的传奇故事，有颠覆思想的心智波涛，有激动人心的理性思考，有万世不竭的精神甘泉。

二

按照科学计量学先驱普赖斯等人的研究，现代科学文献在多数时间里呈指数增长趋势。现代科学界，相当多的科学文献发表之后，并没有任何人引用。就是一时被引用过的科学文献，很多没过多久就被新的文献所淹没了。科学注重的是创造出新的实在知识。从这个意义上说，科学是向前看的。但是，我们也可以看到，这么多文献被淹没，也表明划时代的科学文献数量是很少的。大多数科学元典不被现代科学文献所引用，那是因为其中的知识早已成为科学中无须证明的常识了。即使这样，科学经典也会因为其中思想的恒久意义，而像人文领域里的经典一样，具有永恒的阅读价值。于是，科学经典就被一编再编、一印再印。

早期诺贝尔奖得主奥斯特瓦尔德编的物理学和化学经典丛书"精密自然科学经典"从1889年开始出版，后来以"奥斯特瓦尔德经典著作"为名一直在编辑出版，有资料说目前已经出版了250余卷。祖德霍夫编辑的"医学经典"丛书从1910年就开始陆续出版了。也是这一年，蒸馏器俱乐部编辑出版了20卷"蒸馏器俱乐部再版本"丛书，丛书中全是化学经典，这个版本甚至被化学家在20世纪的科学刊物上发表的论文所引用。一般把1789年拉瓦锡的化学革命当作现代化学诞生的标志，把1914年爆发的第一次世界大战称为化学家之战。奈特把反映这个时期化学的重大进展的文章编成一卷，把这个时期的其他9部总结性化学著作各编为一卷，辑为10卷"1789—1914年的化学发展"丛书，于1998年出版。像这样的某一科学领域的经典丛书还有很多很多。

科学领域里的经典，与人文领域里的经典一样，是经得起反复咀嚼的。两个领域里的经典一起，就可以勾勒出人类智识的发展轨迹。正因为如此，在发达国家出版的很多经典丛书中，就包含了这两个领域的重要著作。1924年起，沃尔科特开始主编一套包括人文与科学两个领域的原始文献丛书。这个计划先后得到了美国哲学协会、美国科学促进会、科学史学会、美国人类学协会、美国数学协会、美国数学学会以及美国天文学学会的支持。1925年，这套丛书中的《天文学原始文献》和《数学原始文献》出版，这两本书出版后的25年内市场情况一直很好。1950年，沃尔科特把这套丛书中的科学经典部分发展成为"科学史原始文献"丛书出版。其中有《希腊科学原始文献》《中世纪科学原始文献》和《20世纪（1900—1950年）科学原始文献》，文艺复兴至19世纪则按科学学科（天文学、数学、物理学、地质学、动物生物学以及化学诸卷）编辑出版。约翰逊、米利肯和威瑟斯庞三人主编的"大师杰作丛书"中，包括了小尼德勒编的3卷"科学大师杰作"，后者于1947年初版，后来多次重印。

在综合性的经典丛书中，影响最为广泛的当推哈钦斯和艾德勒1943年开始主持编译的"西方世界伟大著作丛书"。这套书耗资200万美元，于1952年完成。丛书根据独创性、文献价值、历史地位和现存意义等标准，选择出74位西方历史文化巨人的443部作品，加上丛书导言和综合索引，辑为54卷，篇幅2 500万单词，共32 000页。丛书中收入不少科学著作。购买丛书的不仅有"大款"和学者，而且还有屠夫、面包师和烛台匠。迄1965年，丛书已重印30次左右，此后还多次重印，任何国家稍微像样的大学图书馆都将其列入必藏图书之列。这套丛书是20世纪上半叶在美国大学兴起而后扩展到全社会的经典著作研读运动的产物。这个时期，美国一些大学的寓所、校园和酒吧里都能听到学生讨论古典佳作的声音。有的大学要求学生必须深研100多部名著，甚至在教学中不得使用最新的实验设备，而是借助历史上的科学大师所使用的方法和仪器复制品去再现划时代的著名实验。至20世纪40年代末，美国举办古典名著学习班的城市达300个，学员50 000余众。

相比之下，国人眼中的经典，往往多指人文而少有科学。一部公元前300年左右古希腊人写就的《几何原本》，从1592年到1605年的13年间先后3次汉译而未果，经17世纪初和19世纪50年代的两次努力才分别译刊出全书来。近几百年来移译的西学典籍中，成系统者甚多，但皆系人文领域。汉译科学著作，多为应景之需，所见典籍寥若晨星。借20世纪70年代末举国欢庆"科学春天"到来之良机，有好尚者发出组译出版"自然科学世界名著丛书"的呼声，但最终结果却是好尚者抱憾而终。20世纪90年代初出版的"科学名著文库"，虽使科学元典的汉译初见系统，但以10卷之小的容量投放于偌大的中国读书界，与具有悠久文化传统的泱泱大国实不相称。

我们不得不问：一个民族只重视人文经典而忽视科学经典，何以自立于当代世界民族之林呢？

三

科学元典是科学进一步发展的灯塔和坐标。它们标识的重大突破，往往导致的是常规科学的快速发展。在常规科学时期，人们发现的多数现象和提出的多数理论，都要用科学元典中的思想来解释。而在常规科学中发现的旧范型中看似不能得到解释的现象，其重要性往往也要通过与科学元典中的思想的比较显示出来。

在常规科学时期，不仅有专注于狭窄领域常规研究的科学家，也有一些从事着常规研究但又关注着科学基础、科学思想以及科学划时代变化的科学家。随着科学发展中发现的新现象，这些科学家的头脑里自然而然地就会浮现历史上相应的划时代成就。他们会对科学元典中的相应思想，重新加以诠释，以期从中得出对新现象的说明，并有可能产生新的理念。百余年来，达尔文在《物种起源》中提出的思想，被不同的人解读出不同的信息。古脊椎动物学、古人类学、进化生物学、遗传学、动物行为学、社会生物学等领域的几乎所有重大发现，都要拿出来与《物种起源》中的思想进行比较和说明。玻尔在揭示氢光谱的结构时，提出的原子结构就类似于哥白尼等人的太阳系模型。现代量子力学揭示的微观物质的波粒二象性，就是对光的波粒二象性的拓展，而爱因斯坦揭示的光的波粒二象性就是在光的波动说和粒子说的基础上，针对光电效应，提出的全新理论。而正是与光的波动说和粒子说二者的困难的比较，我们才可以看出光的波粒二象性学说的意义。可以说，科学元典是时读时新的。

除了具体的科学思想之外，科学元典还以其方法学上的创造性而彪炳史册。这些方法学思想，永远值得后人学习和研究。当代诸多研究人的创造性的前沿领域，如认知心理学、科学哲学、人工智能、认知科学等，都涉及对科学大师的研究方法的研究。一些科学史学家以科学元典为基点，把触角延伸到科学家的信件、实验室记录、所属机构的档案等原始材料中去，揭示出许多新的历史现象。近二十多年兴起的机器发现，首先就是对科学史学家提供的材料，编制程序，在机器中重新做出历史上的伟大发现。借助于人工智能手段，人们已经在机器上重新发现了波义耳定律、开普勒行星运动第三定律，提出了燃素理论。萨伽德甚至用机器研究科学理论的竞争与接受，系统研究了拉瓦锡氧化理论、达尔文进化学说、魏格纳大陆漂移说、哥白尼日心说、牛顿力学、爱因斯坦相对论、量子论以及心理学中的行为主义和认知主义形成的革命过程和接受过程。

除了这些对于科学元典标识的重大科学成就中的创造力的研究之外，人们还曾经大规模地把这些成就的创造过程运用于基础教育之中。美国几十年前兴起的发现法教学，就是在这方面的尝试。近二十多年来，兴起了基础教育改革的全球浪潮，其目标就是提高学生的科学素养，改变片面灌输科学知识的状况。其中的一个重要举措，就是在教学中加强科学探究过程的理解和训练。因为，单就科学本身而言，它不仅外化为工艺、流程、技术及其产物等器物形态，直接表现为概念、定律和理论等知识形态，更深蕴于其特有的思想、观念和方法等精神形态之中。没有人怀疑，我们通过阅读今天的教科书就可以方便地学到科学元典著作中的科学知识，而且由于科学的进步，我们从现代教科书上所学的知识甚至比经典著作中的更完善。但是，教科书所提供的只是结晶状态的凝固知识，而科学本是历史的、创造的、流动的，在这历史、创造和流动过程之中，一些东西蒸发了，另一些东西积淀了，只有科学思想、科学观念和科学方法保持着永恒的活力。

然而，遗憾的是，我们的基础教育课本和科普读物中讲的许多科学史故事不少都是误讹相传的东西。比如，把血液循环的发现归于哈维，指责道尔顿提出二元化合物的元素原子数最简比是当时的错误，讲伽利略在比萨斜塔上做过落体实验，宣称牛顿提出了牛顿定律的诸数学表达式，等等。好像科学史就像网络上传播的八卦那样简单和耸人听闻。为避免这样的误讹，我们不妨读一读科学元典，看看历史上的伟人当时到底是如何思考的。

现在，我们的大学正处在席卷全球的通识教育浪潮之中。就我的理解，通识教育固然要对理工农医专业的学生开设一些人文社会科学的导论性课程，要对人文社会科学专业的学生开设一些理工农医的导论性课程，但是，我们也可以考虑适当跳出专与博、文与理的关系的思考路数，对所有专业的学生开设一些真正通而识之的综合性课程，或者倡导这样的阅读活动、讨论活动、交流活动甚至跨学科的研究活动，发掘文化遗产、分享古典智慧、继承高雅传统，把经典与前沿、传统与现代、创造与继承、现实与永恒等事关全民素质、民族命运和世界使命的问题联合起来进行思索。

我们面对不朽的理性群碑，也就是面对永恒的科学灵魂。在这些灵魂面前，我们不是要顶礼膜拜，而是要认真研习解读，读出历史的价值，读出时代的精神，把握科学的灵魂。我们要不断吸取深蕴其中的科学精神、科学思想和科学方法，并使之成为推动我们前进的伟大精神力量。

任定成
2005年8月6日
北京大学承泽园迪吉轩

约翰内斯·开普勒（Johannes Kepler，1571—1630）

开普勒于1571年12月27日出生在德国南部符腾堡州的魏尔镇（Weil der Stadt），父亲是一位职业军人。开普勒是早产儿，体质很差，4岁时患上了天花和猩红热，身体受到了严重摧残，视力衰弱，一只手半残。图为魏尔镇广场上的开普勒塑像。

少年时期的开普勒，不仅没有被生理上的缺陷和生活上的苦难击倒，他反而因此更增强了刻苦读书的意志。1587年，开普勒17岁时进入图宾根大学（University of Tuebigen）；1591年，他以全班第二名的优秀成绩毕业。图为图宾根大学最古老的建筑。

在图宾根大学，开普勒受到天文学教授迈克尔·马斯特林（Michael Maestlin，1550—1631）的影响而信奉哥白尼的学说。他甚至写了一篇论述哥白尼理论的短文。图为马斯特林肖像。

▶ 青年时期的开普勒喜欢神学，希望能当一名牧师。但由于相信哥白尼学说，他失去了担任教会职务的资格。1594年，在马斯特林的帮助下，开普勒在奥地利格拉茨大学（University of Graz）获得教职。从此，他一心一意研究行星问题。图为现在的格拉茨大学一角。

◀ 开普勒在格拉茨大学最初讲授数学，但学生对此兴趣不大。第二年他教文学、伦理学和历史学。因为他知识渊博且具有多方面的天才，顿时远近闻名。校方给了他高度好评："开普勒在演说、讲授和论辩方面都使学生十分满意，他是一个年轻博学、虚怀若谷的人。一个偏僻的地方能拥有像他那样出色的教师真是难得。"图为该时期的开普勒画像。

▶ 1597年 4月27日，开普勒与他第一任妻子巴尔巴拉（Barbara）在格拉茨大教堂举行婚礼，巴尔巴拉的父亲是一位富裕的磨坊主。图为他们结婚时的画像。

婚后的开普勒以为从此便可以在格拉茨扎下根来，但生活并不像他希望的那样顺利，儿子和女儿都在出生后不久因病夭亡，国家又正在经历宗教风波，母亲被指控……这一切都让开普勒感觉到无穷的痛苦。图为开普勒母亲被指控为女巫，受到刑讯逼供。

正当开普勒处在痛苦之中时，丹麦大天文学家第谷（Tycho Brahe，1546—1601）给他带来了一线希望。第谷邀请开普勒到布拉格鲁道夫二世的皇宫里，一起从事天文观测。1600年2月4日，开普勒抵达布拉格。图为开普勒在布拉格的故居。

林茨时期的开普勒画像。

开普勒在林茨的雕像。

在去布拉格之前，开普勒一家先来到了林茨。开普勒本打算把家属安顿在此，只身去布拉格，但经过艰辛的旅程到达林茨后，他改变了主意，不想再与家人分开。于是他将妻子和女儿都带到了布拉格。

来到布拉格后，开普勒与第谷朝夕相处，两个性格完全相反的人共同生活，免不了要发生争执。其实他们有着相似的命运。第谷的施主——丹麦国王腓特烈二世去世后没几年，他就被驱逐到布拉格。所以说，布拉格不但是开普勒的避难地，也是第谷的避难地。图为开普勒和第谷在讨论天文学问题。

1611年的这幅画，描绘了发生于布拉格开普勒住所附近的一场暴乱。

开普勒在布拉格的生活一度非常贫困，他名义上是德国皇帝的宫廷天文学家，却长达20年拿不到薪水。1630年，无法养家糊口的开普勒只好亲自去雷根斯堡向国会讨薪。不幸的是，由于饥寒交迫，刚到雷根斯堡他就病倒了。图为现在的雷根斯堡大教堂和多瑙河上的石桥。

托勒密(Claudius Ptolemy，90—168)在亚历山大城的观象台上观察行星体系。他是世界上第一个系统研究日月星辰的构成和运动方式并卓有成效的科学家，创立了地心说。该学说相对完满地解释了当时观测到的行星运动情况，并在航海上具有实用价值，同时，得到宗教统治者极力维护，从而被人们广为信奉，统治天文学界长达13个世纪。

哥白尼（Nicolaus Copernicus，1473—1543）的日心说推翻了托勒密的地心说，沉重地打击了教会的宇宙观。哥白尼相信天体只能按照所谓完美的圆形轨道运动。

伽利略（Galileo Galilei，1564—1642）用自制的望远镜观测到许多宇宙秘密，并著有《关于托勒密和哥白尼两大世界体系的对话》和《关于两门新科学的对谈》（也译为《关于两门新科学的对话》），有力地批判了亚里士多德和托勒密的地心说，科学地论证了哥白尼的日心说。但迫于宗教势力的压力，伽利略被迫宣布放弃哥白尼的日心说。图为伽利略在佛罗伦萨附近的别墅内景。

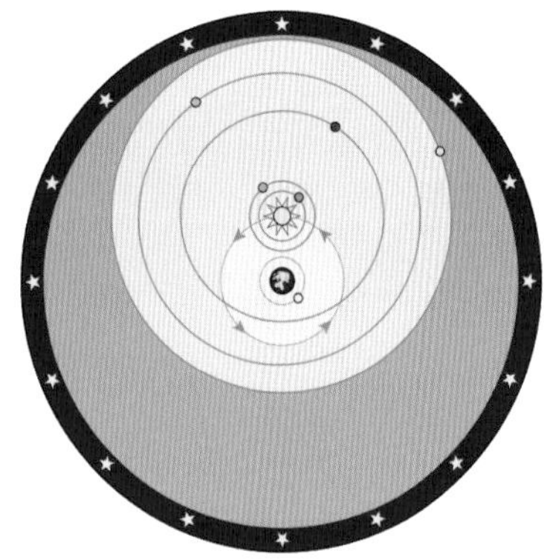

第谷的理论示意图。第谷不相信哥白尼的日心说，他认为行星绕太阳运行，太阳绕地球运行，这其实是托勒密的地心说与哥白尼日心说之间的折中方案。开普勒则是日心说的坚定维护者。

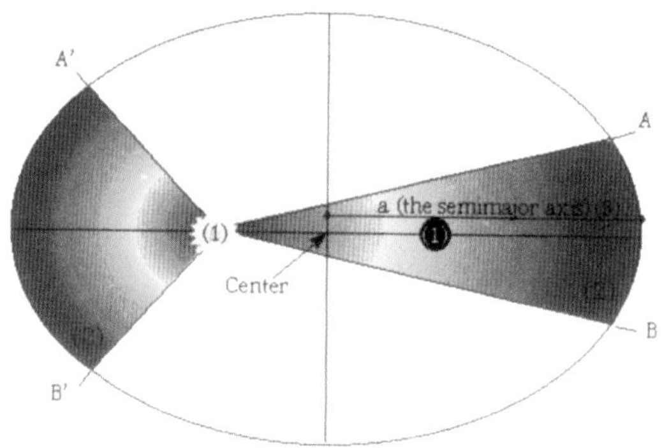

开普勒第二定律（即面积定律）示意图。开普勒仔细研究了第谷的观测资料，首先推算出火星的轨道应该是椭圆的，以后更推广到所有其他行星。因此，行星有时离太阳远，有时离太阳近。

1604年10月17日，开普勒发现了超新星SN 1604，并写出了《蛇夫座脚部的新星》（*De Stella Nova in Pede Serpentarii*）一书，这颗超新星后来被命名为开普勒超新星。图为超新星SN 1604残骸。

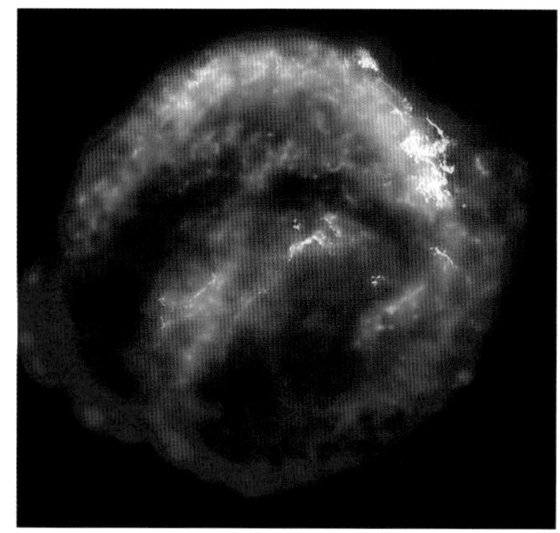

1596年，开普勒在著作《宇宙的奥秘》中描述了哥白尼学说给他的最初印象：“六年前，我在图宾根曾热心地和著名的马斯特林老师交往，那时我就觉得，新近关于宇宙构造的一般见解在速度方面来说都太粗陋了。因此，我的老师在讲演中常常提到的哥白尼真使我神往，以致我不但常常在和同学的讨论中维护他的观点，而且还写了一篇详细的论文，讨论‘第一次运动’是由地球自转引起的问题。”图为哥白尼在他的天文观测台（油画）。

《世界的和谐》是开普勒最辉煌的一部著作，全书共5卷。读者眼前读到的这本，只是其中的第五卷。开普勒在书中发表了他的“行星运动第三定律”，他的发现，为后来牛顿的伟大发现铺平了道路。图为开普勒《世界的和谐》一书中的插图，他认为：“天体的运动只不过是某种永恒的复调音乐而已，要用才智而不是耳朵来倾听。”

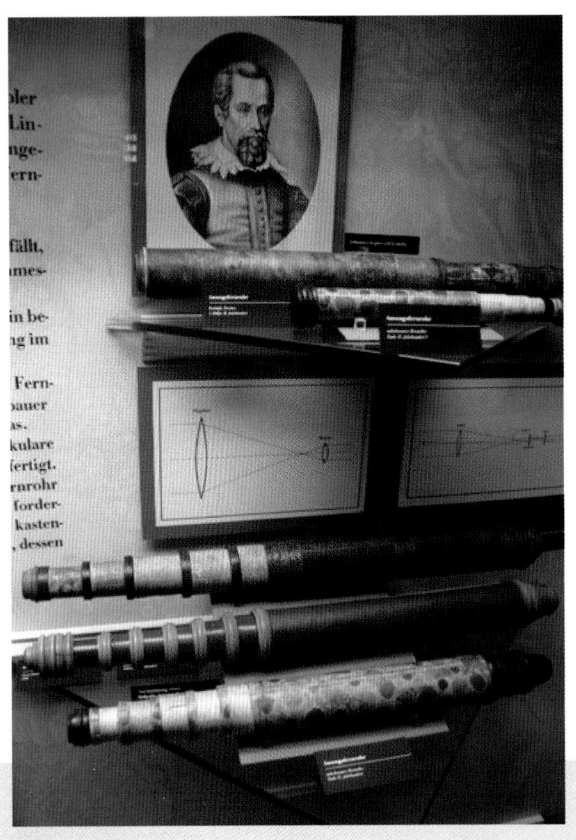

开普勒也对光学作出了贡献，他研究了针孔成像，并从几何光学的角度加以解释，指出光的强度和光源的距离的平方成反比。开普勒在1611年出版的《折光学》一书中，最早提出了光线和光束的表示法，并阐述了近代望远镜理论。他把伽利略望远镜的凹透镜目镜改成小凸透镜，这种望远镜被称为开普勒望远镜，现在仍被广泛地运用于天文学研究。图为几种开普勒望远镜。

开普勒的书桌。

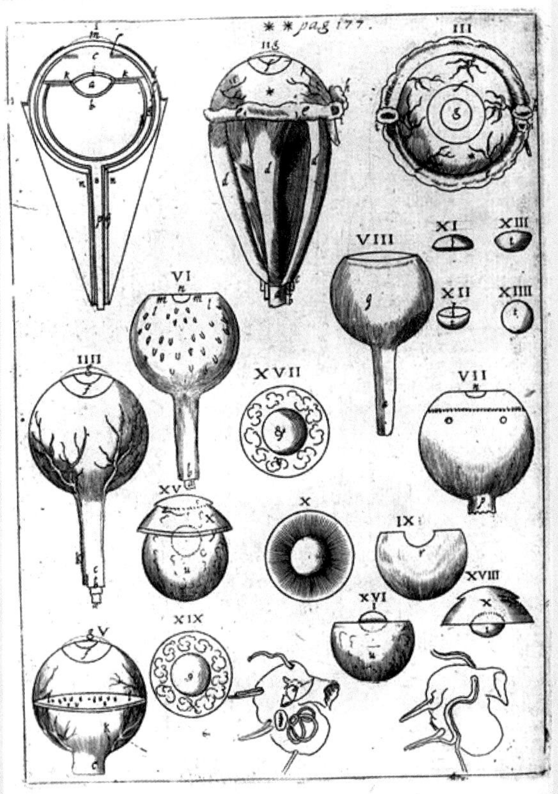

开普勒也研究过人的视觉，认为人看见物体是因为物体所发出的光通过眼睛的水晶体投射在视网膜上，并阐明了产生近视和远视的成因。图为开普勒著作《天文光学》（*Astronomiae Pars Optica*，1604）中关于眼睛结构与视觉原理的插图。

目　录

· *Contents* ·

导读（一）

杨建邺
（华中科技大学　教授）

· *Introduction to Chinese Version* ·

开普勒直率地承认毕达哥拉斯和柏拉图是他理念上的老师，他坚信他们的理想的宇宙图式是被完美的数学音乐统治的。开普勒的天体和谐的观点的与众不同之处在于天体的音乐头一次被认为是复调音乐。……他不停地强调，复调音乐是古人所不知的。开普勒声称，他的新天文学在宇宙哲学中将是一个伟大的进步，就像复调音乐在音乐中一样。

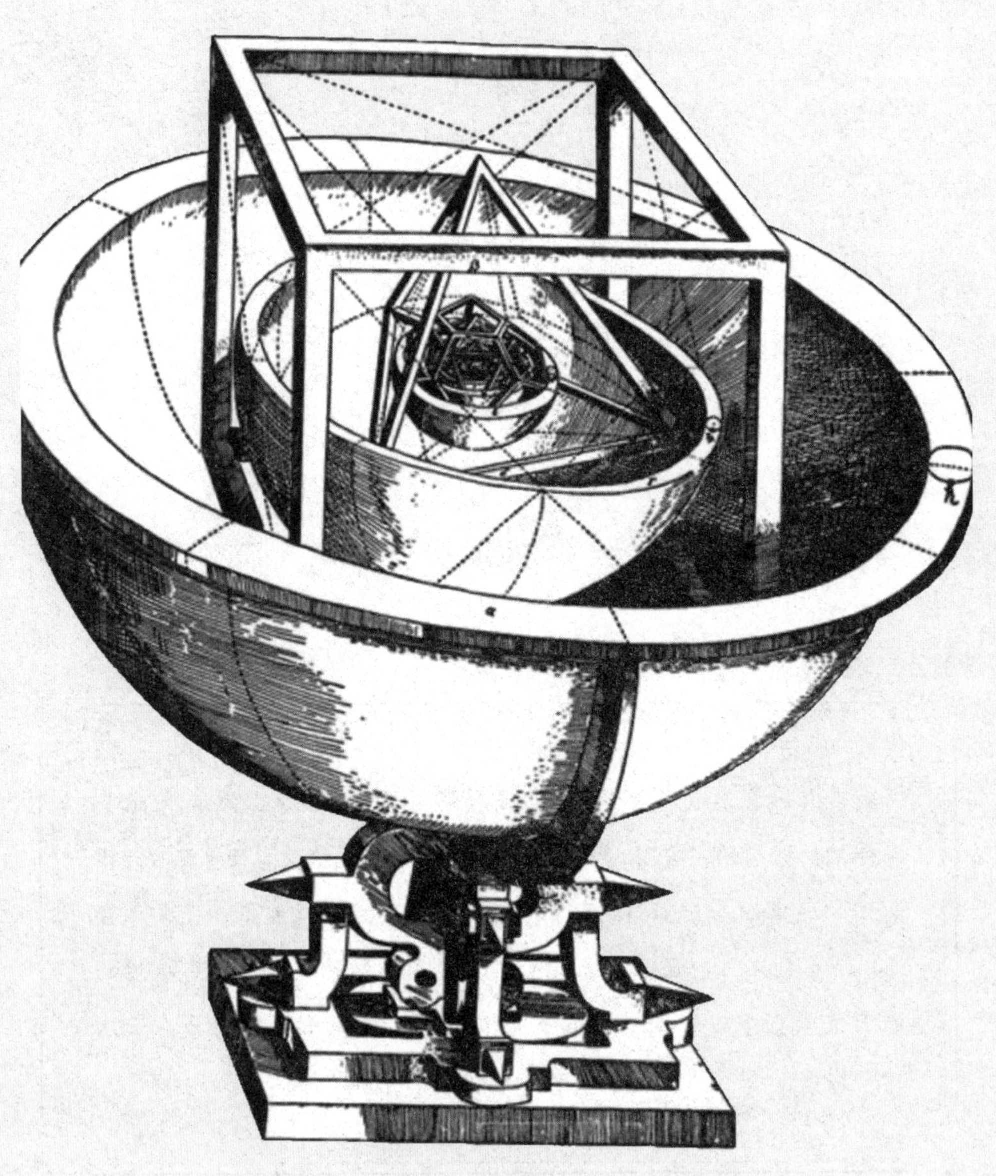

《世界的和谐》[①]是德国天文学家开普勒（Johannes Kepler，1571—1630）最辉煌的一部著作，出版于1619年。读者面前的这本书，不是《世界的和谐》的全文，只是其中的第五卷。

《世界的和谐》全书分为五卷：第一卷几何学，第二卷构型学，第三卷形而上学，第四卷谐音学，第五卷天文学。

前两卷属于基础知识介绍：第一卷讨论圆内接正多边形的演示和构型；第二卷讨论如何把正多边形按一定的原则配置成正多面体的组合系列，以及由此表现出来的数的和谐。这两卷均以欧几里得的《几何原本》为蓝本，由一系列定理、公式有逻辑地组成。

后三卷以前两卷的数学、构型为依据逐步展开。第三卷通过与正多面体构型相对应的数的关系，用来解释聆听音乐时感受到的谐音（值得一提的是，在第三卷的附录里，开普勒还大胆地把和谐原理扩大到人间事物上，"天上地下，只要和谐持续着，一切都生机勃勃，一旦和谐受到了干扰，一切都会杂乱无章"，这种深刻而伟大的信念，至今仍然是人类社会和自然界运行的最高法则）；第四卷是在确立了和谐的几何原型之后，着重寻求几何学、音乐及行星运动间和谐比例之间的联系；第五卷说明了谐音原理也可以用行星角速度极值来表示。

在第五卷里，开普勒提出了十个问题：

1. 论五种正多面体；

2. 论和谐比与五种正多面体之间的关系；

3. 研究天体和谐的天文学理论概要；

◀ 开普勒用正多面体说明行星的运动。

① 也译为《宇宙的和谐》。

4. 造物主在哪些与行星运动有关的特征中表达了和谐性，方式如何？

5. 系统中的音高或音阶中的音、旋律的类型、硬调和软调，均已在从太阳上观测到的行星的各种运动之比中显示出来；

6. 音乐的调式或调已在行星的极端运动中以某种方式表达；

7. 存在与普通四声部对位类似的所有六颗行星的普遍和声；

8. 在天上的和声里，哪些行星分别代表女高音、女低音、男高音、男低音；

9. 当单颗行星安排它们的运动之间的和谐时产生偏心率；

10. 尾声：关于太阳的猜想。

这十个问题在本书里分属于十章，其中第三章的标题是“研究天体和谐的天文学理论概要”；这一章的第八节以谐音理论为依据，给出了著名的“行星运动第三定律”（又称“和谐定律”），揭示了行星在天空运行中的时空关系。第三定律的发现是开普勒最重要的科学成就之一，由此奠定了他作为现代天文学开创者的地位。

《世界的和谐》不仅是宇宙结构和谐观的壮丽诗卷，也是近代科学史上第一个具有严谨逻辑的科学体系。开普勒所处的时代，正是科学发生伟大变革的时期，这个时期科学正努力从古希腊和中世纪的一些科学偏见中挣脱出来。正是在这关键的变革时期，开普勒的发现为后来牛顿的伟大发现铺平了道路。

为了让读者能够更好地理解这本书，读者需要大致了解开普勒的人生经历和他的学术思想。

一、天体的运动只不过是某种永恒的复调音乐

当读者翻到这本书第五章的64页时，将会看到一段奇怪的五线谱。读者也许会惊讶地想到：这是一阕什么乐曲？是巴赫的《勃兰登堡协奏曲》？是舒伯特的

《野玫瑰》？还是贝多芬的《第五交响曲》？也许你想问的问题还不少，其中还会有一个共同的疑问：这本书不是讲世界的和谐吗？怎么会出现一段五线谱？而且前后还有不少论述这些乐谱的段落。

这段乐谱在音乐史上没有什么地位，它既不是巴赫、舒伯特的作品，也不是舒曼和贝多芬以及任何一位作曲家的作品，但在物理学史以及人类认识宇宙的历史上，有着重大的价值。开普勒是毕达哥拉斯（Pythagoras）的忠实信徒，对音乐和天文学之间的密切关系，有着很深刻的看法。他在书中曾经写道：

> 因此，天上的运动不过是对不和谐调音的永久性和谐。这里的不和谐调音指例如人们用来模仿自然界的不和谐性的一些切分音或不完满终止，永久性和谐指思维的而不是声音的，趋向于对六个声部（在声乐方面）的明确和预定地单独解决，并用那些音符标识和区分无限的时间。所以不足为奇，效仿造物主，人类终于找到了一种古人不知道的和声歌唱方法，于是人类可以在不到一小时内用一个多声部音乐会演绎整个宇宙的永恒，并通过最令人快乐地享受音乐（对上帝的创造物的模仿）的愉悦感，在一定程度上体验上帝造物主对祂的作品的满足感。

美国科学作家杰米·詹姆斯（Jammie James）在他写的《天体的音乐：音乐、科学和宇宙自然秩序》（*The Music of Celestial Body: Music, Science, and the Nature Order of Cosmos*，以下简称《天体的音乐》）一书中说：

> 开普勒直率地承认毕达哥拉斯和柏拉图是他理念上的老师，他坚信他们的理想的宇宙图式是被完美的数学音乐统治的。开普勒的天体和谐的观点的与众不同之处在于天体的音乐头一次被认为是复调音乐。……他不停地强调，复调音乐是古人所不知的。开普勒声称，他的新天文学在宇宙哲学中将是一个伟大的进步，就像复调音乐在音乐中一样。

二、毕达哥拉斯的信徒

开普勒于1571年12月27日生于德国中部符腾堡(Württemberg)地区的小镇魏尔(Weil)。他刚刚出生的时候体质极为孱弱,接生婆还以为这个婴儿未见得能够存活下来。

他的祖父曾经是魏尔镇十分活跃的新教倡导人,还一度担任镇长。到了他父母这一代,家境开始衰落,始终没有脱离贫困之苦。父亲脾气暴躁,母亲非常任性,很难相处。父亲为躲避家里婆媳无止境的争吵,长期在军队服役,成为一位职业军人。后来在一次征战结束回家途中,突然因病死去。

开普勒共有4个兄弟姊妹,3个夭折,活下来的只有他和弟弟,而弟弟又是一个癫痫患者。开普勒早年的命运十分凄惨:4岁时遭遇肆虐欧洲的传染病天花,这不仅损坏了他的面容,还使得他一只手半残,视力也受到损害;而家境的贫寒又使他饱受穷苦之累,有时他穷得只能乞住于乡村旅店之中,9岁时为了生活做过佣人,直到12岁才在他人的帮助下回到学校。

人间的倾轧、无穷尽的苦难和亲人的死亡,从小在开普勒的心灵上留下了深深的伤痕。幸好他没有被苦难的命运击倒,反而由此磨炼了意志,寻求到解脱的办法。他从小就喜欢到教堂做晚祷,因为教堂那高高的圆形穹顶,管风琴美妙的和声在大厅的穹顶上回旋袅绕,对在苦难中的开普勒来说,就像是上帝的福音。《圣经》的引导、管风琴美妙的和声与唱诗班的童声合唱,和谐地融合在一起,使他的心灵受到了很大的震撼。他得到了现实生活不能给予他的温暖、希望和力量,也从小就迷上了音乐。在肃穆静谧、和谐美妙的氛围里,这个残忍、粗暴、丑恶的世界,似乎远远地离他而去,在他面前展示的是美妙的音乐旋律,也孕育了他朦胧而美丽的梦想。

凭借与生俱来的禀赋加上后天的刻苦,1587年开普勒进入图宾根(Tübingen)神学院。在进神学院以前,开普勒对天文学并没有多大兴趣,他热衷的是神学,希望日后能当一个牧师,为上帝传播福音。没想到在图宾根神学院,受到天文学教授马斯特林(Michael Mastlin,1550—1631)的影响,他的兴趣开始转向了天文学,并接受了哥白尼的日心说。他曾经说过:

> 早在图宾根时期,当我仔细地领会著名的马斯特林的教导时,我感到迄今为止对于宇宙结构的惯常观念是多么笨拙! 因此,哥白尼使我欢欣鼓舞,我的老师马斯特林在他的讲座中经常提及哥白尼。我不仅在与同学们的讨论中反复主张他的观点,而且对于引起地球转动的第一次运动(恒星天空的革命)的问题进行了仔细的讨论。我已经积极开始从事这个工作,即把地球对于太阳的运动建立在物理学的基础上,如果你愿意,也可以说,是把运动建立在形而上学的基础上,犹如哥白尼把地球对于太阳的运动建立在数学的基础上。……在这一方面,哥白尼远胜过托勒密。

在神学院求学期间,他甚至写了一篇论述哥白尼理论的短文。1591年,开普勒以全班第二名的优秀成绩毕业于图宾根神学院。毕业后,开普勒本来想在教会中找到一个职位,但由于他信奉被教会视为洪水猛兽的哥白尼日心说,从而失去了担任教会职务的可能性。

1594年,在马斯特林的帮助下,开普勒在奥地利格拉茨(Graz)神学院谋到一个数学讲师的职务。从此,他把当牧师的想法抛到了九霄云外,开始一心一意研究行星问题。开普勒以他渊博的知识和过人的天分很快就在格拉茨神学院得到校方高度的好评:"毫不夸张地说,开普勒是一位年轻的、受过良好教育的和虚怀若谷的教师。我们这样的学院能够拥有他这样出色的教师,真是万幸。"

教书之余,开普勒继续研究行星运动的规律。开普勒信奉毕达哥拉斯主义。毕达哥拉斯发现数和音乐之间存在令人惊讶的和谐关系。英国著名数学家、诗人和科普作家布伦诺斯基(Jacob Bronovski,1908—1974)在他写的《人的上升》(*The Ascent of Man*)一书中写道:

> 毕达哥拉斯发现,发出悦耳音的和弦对应于整数的分弦点。对于毕达哥拉斯学派的人来说,这个发现里面有一股神秘的力量。自然与数字之间的和谐如此确切,因而使他们相信,不仅仅自然的声音,而且自然所有特征性的尺度,都一定有一些简单的数字来表达其和谐之处。例如,毕达哥拉斯或其弟子相信,我们应该能够计算出天体的轨道,比如使其与音乐的间隔产生关系。他们感觉到,自然当中所有的规律都有音乐性,天体的运行在他们看来就是球体的音乐。

毕达哥拉斯学派认为,数先于自然界整体,它的特征内在于音阶、天体和宇宙万事万物。离开了数,就没有任何事物能够存在或者被认识。研究宇宙万事万物的唯一途径,就在于研究大自然内在的数学结构。这种结构的外在表现就是数的和谐,就是对称和美。这种和谐是宇宙万事万物共同的内在本质。正是这种内在的、先验的共同本质,使得人类具有正确认识宇宙的可能性。这种观点,在现代科学探究中也会常常被提到。例如杨振宁在一次访谈中就说过:

> **杨振宁:**当我们发现自然界的一个秘密时,一种敬畏之情就会油然而生,好像我们正在瞻仰一件我们不应瞻仰的东西一样。
>
> **莫耶斯:**不应该瞻仰?难道属于禁区?
>
> **杨振宁:**是的。因为它具有一种神圣的色彩,一种力量的张力。当你面对它时,你会自然而然地产生一种感觉:它不应该被我们凡人窥视到。我一直把这种情结看作是一种最深的宗教情结。当然,这让我想到一个没有人能够回答的问题:为什么自然界是这样而不是那样?为什么最终可以把大自然这些强大的力量,都简化为一些简单而又美丽的方程式呢?这个问题有许多人探讨过,争论过,但始终都得不到答案。不过,事实在于,我们既然有认识它

的可能，就有进一步深入认识的可能。而这正是吸引我们不断前进的原因所在。我们想建造一些机器，不是因为我们想把40亿美元的资金随意挥霍掉，也不是因为我们沉迷于将发现的基本粒子进一步分类编目。这些都绝对不是真正的原因，真正的原因在于大自然具有一种神秘的、里面含有力量的东西——而且，还有异乎寻常的美。

开普勒同样认为“大自然这些强大的力量，都将简化为一些简单而又美丽的方程式”，因而行星运动的真实动因，应该到隐含有数的和谐精神的音乐里去寻找。

三、五种正多面体带来的灵感

在格拉茨神学院任职期间，开普勒最感兴趣的问题是：为什么行星有6颗？①为什么它们到太阳有这样的距离？为什么它们在距离太阳较近的轨道上运动较快，而在较远的轨道上运动较慢？

这似乎纯粹是一个数字游戏，可是你可别小看它。从古到今，这种游戏所蕴含的美感常常给人以巨大的启迪，吸引着许多爱思考的人作出重大的科学发现。开普勒在《宇宙的奥秘》(*Mysterium Cosmographicum*)一书里说：

> 犹如创造眼睛是为了颜色，创造耳朵是为了音调，同样人类的智慧被创造是为了理解量，而不是为了理解任何别的事物。越是接近作为事物的源泉的纯数量，就越是能够正确地掌握这个事物。越是远离事物的量，就越是会陷入黑暗并出现错误。是我们智慧的本性使我们对于神圣事物的概念的研究复苏，这些概念是建立在量的范畴的基础之上的。如果丧失了这些概念，神圣的事物就只能用纯粹虚无来定义。

---

① 当时只发现了6颗行星——水星、金星、地球、火星、木星和土星，其他行星是在开普勒去世后才被发现的。

开始的时候，开普勒试着用平面几何图形的组合来推出行星轨道，结果失败了。

1595年7月的一天，灵感突然来了："啊呀，我多傻啊！行星在空间运动，我怎么在平面上研究这些几何图形呢？应该用立体图形！"

思路一开，很快就有了可喜的突破。当时人们知道5种"规则的多面体"（即正多面体）。古希腊数学家还证明过，大自然只可能有5种正多面体。柏拉图（Plato，公元前427—前347）在《蒂迈欧篇》里指出，这5种规则多面体是"神的形象的天体"。开普勒接受了这种观念，并曾说过"我企图证明，上帝在创造宇宙和规定宇宙秩序的时候，曾考虑到5种规则的几何立体（从毕达哥拉斯和柏拉图时代我们就已经知道它们），祂按照它们的大小，确定天体尺寸、数目、比例及其运动关系。"

开普勒的设想是，如果把5种正多面体与6个球形套合起来，不就有6个球吗？6个球的半径恰好对应6颗行星的轨道——这实在是太美妙了！开普勒相信，这就是只有6颗行星的奥秘所在！

开普勒的具体方法是这样的：开始以一个球形作地球的轨道，在这个球形外面配一个正十二面体，这个正十二面体的十二个面与球形相切，十二面体外面作一个圆球，这个圆球是火星的运动轨道；火星球外面作正四面体，再在它外面作一个圆球，得出木星轨道；木星球外作一正六面体（立方体），它外面的球就是土星轨道；在地球轨道的球形内作正二十面体，二十面体内的球形是金星的轨道；金星球内作正八面体，其内的球就是水星的轨道。这使得开普勒非常兴奋：

> 我永远无法用语言来描述我从自己的发现中获得的快乐。现在我再也不惋惜失去的时间，再也不厌倦工作，无论有多大困难，我也不回避计算。我日日夜夜不停地从事计算，直到看见用公式语言表达的句子与哥白尼的轨道完全吻合，直到我的欢乐被风吹走。我相信在这件事情上我已经正确地掌握了

这个问题，我向全能而仁慈的上帝发誓，在第一个机会中我要把上帝的智慧这个令人惊叹的奇迹印刷出来公布于世。尽管这些研究尚未终结，在我的基本思想中尚有某些不明确的结论，这些发现我可以为自己保留，至于其他可能的结论，如果有谁关注这个问题，他应该和我一道做出尽可能多的发现以荣耀上帝的名，并且一致歌颂以使赞美和荣耀归于全智全能的创造者。

杰米·詹姆斯在《天体的音乐》一书中也写道：

当开普勒开始向第三维跳跃的时候，最后的晴空霹雳震撼了他，完美的立体数字是5，正好是描述行星天体间的区间所需要的数字。这完美的立体，相当恰当地被称作毕达哥拉斯学派的立体和柏拉图的立体，这么叫是因为它们完美地左右对称，它们的各个面都是相同形状和大小的正多边形。这是几何的事实。

1596年底，开普勒把他的这一发现写进了《宇宙的奥秘》一书，在书中他又一次热情洋溢地写道：

七个月以前，我曾许诺写出一部将会使学者们认为是优雅的、令人惊叹的、远胜于一切历书的著作，现在，我把她奉献给你们。这部著作卷幅虽小，却是我微薄努力的结晶，而且论述的是一个奇妙的课题。如果你们期望成熟——毕达哥拉斯在两千多年前就已经论述过这一课题。如果你们追求新奇——这是我本人第一次向全人类提出这一课题。如果你们要广度——再没有比宇宙更宏伟更广阔的了。如果你们向往尊严——没有什么能比上帝的壮丽殿堂更尊贵、更瑰丽。如果你们想知道奥秘——自然界中没有比这更（或从来没有比这更）奥妙的了。

开普勒还提出了一个含糊但却很有启发性的猜想：太阳将沿着光线辐射方向给每个行星一种推动作用，使它们沿着各自轨道运动，而且猜测这种作用对于较远的行星会减弱。

《宇宙的奥秘》这本书使得年轻的开普勒一举成名。当他50岁的时候，他还没有忘记这本书给他带来的启示：“我整个的生活方向，我的研究和著作无不从这本小书出发。”

现在我们知道，开普勒所重视的五种正多面体图形与行星运动轨道只是碰巧合适，而且即使在当时与观测资料也并不完全符合。在更多的行星被发现以后，这种图形就失去了价值。正如杰米·詹姆斯所说：

> 开普勒追逐天体音乐的幻想是在浪费他的时间。对于像泡利[①]这样的人来说，天堂就像坟墓一样寂静，并且是开普勒自己开创的“数学的逻辑思想”使它们变得沉默的。然而，显然开普勒的意图是用（或者在需要的地方发明）大部分现代天文的和数学的方法来挽救毕达哥拉斯学派的宇宙观。他的工作做得太好了；在开普勒之后，天体的音乐从科学中不可挽回地分开了，永远地退到模糊的深奥的幽深处。然而，开普勒是最后一位试图向这些隐秘处照射光亮的伟大的科学家。

但是，我们切不可低估开普勒的这次可贵的努力，他的《宇宙的奥秘》至少有两点开创性的价值：一是公开宣传哥白尼日心说，而且他的理论完全建立在这个学说的基础之上；二是他不仅仅试图用数的和谐来解释天文现象，而且试图找出现象后面的物理学原因。这与希腊天文学传统很不相同，已经具有现代天文学的理念。

诚如爱因斯坦（Albert Einstein，1879—1955，1921年获得诺贝尔物理学奖）所说，在“根本没有确信自然界是受规律支配的”情形下，开普勒曾经勇于去寻找“规律”，这本身就很了不起。找到的立脚点不合适，这是可以理解的。正多面体的设想虽然错了，但是他用数字关系来研究天体运动规律，不能不说是一个伟大的

① 泡利（Wolfgang Ernst Pauli，1900—1958），瑞士籍奥地利物理学家，因为发现量子力学中的不相容原理获得1954年诺贝尔物理学奖。

创举。

1598年，奥地利爆发了严重的宗教冲突，开普勒只得逃到匈牙利。1599年，开普勒把他的《宇宙的奥秘》一书寄给刚到布拉格的第谷，并将自己的困境和疑难问题告诉了第谷。第谷对于开普勒的著作十分欣赏，于是在几次通信后，第谷就邀请开普勒到布拉格共同工作。他在信中写道："来吧，作为朋友而不是客人，和我一起用我的仪器观测。"

四、八分的误差引出了伟大的发现

1600年初，开普勒来到了布拉格与第谷一起工作，开始了科学史上极富成效的合作。开普勒曾经说：

> 我认为，正当第谷和他的助手全神贯注研究火星问题时，我能来到第谷身边，这是"神的意旨"，我这样说是因为仅凭火星就能使我们揭示天体的奥秘，而这奥秘由别的行星是永远揭示不了的……

第谷对于自己的观测资料本来是十分保密的，从不让外人过目。但开普勒到他身边工作后，第谷十分欣赏这个年轻人，因此很快就允许开普勒接触他极为珍贵的火星观测资料，并让开普勒和他共同研究火星的运动。

合作约一年时间，第谷因病去世。第谷在临终时，曾把家人都召到床前，要求家人保存他的资料，并委托助手开普勒继续编辑、校订和出版他的行星表。第谷没有选错人，因为开普勒不仅在1627年正式出版了《鲁道夫星表》(*Tabulae Rudolphinae*)①，而且他还利用第谷的观测资料，发现了伟大的行星运动规律。

还有一件罕为人知的事，也许更能说明第谷选对了人。第谷死后，第谷的家人除了脾气像第谷一样暴躁以外，还非常贪婪。他们结成一帮把开普勒看成外人，违

① 将星表命名为鲁道夫，是为了纪念第谷的赞助人鲁道夫皇帝。

背死者的遗愿，不愿意把第谷的观测资料给开普勒。开普勒可以说费尽了心思，才使得这些极为宝贵的资料由他保管，没有散失。我们可以设想一下，如果这些宝贵的资料散失了，人类文明史会遭到多大的损失！要知道，牛顿正是在开普勒铺就的道路上走向成功的！

遗憾的是，第谷根本不相信哥白尼的日心说，这就使得相信日心说的开普勒在第谷身边左右为难，施展不开手脚。第谷去世后，开普勒才得以自由自在地放开手脚大干起来。

当开普勒开始独立用第谷的观测资料研究火星运动时，发现火星如果真是做圆周运动的话，那就与第谷的观测资料有8′的误差（即1°的8/60）。在这一误差面前，开普勒清醒而敏锐地认定，在研究中他必须坚持三个基本原则：一是哥白尼的日心说；二是第谷观测资料的准确性；[①]三是毕达哥拉斯数的和谐。

这时，开普勒以非凡的创造性精神大胆扬弃一些不符合观测的传统观念。火星的运动轨道偏离圆轨道已经比较明显，与哥白尼认为行星运动一定是圆周运动的观点有了矛盾。这种怀疑在当时可绝不是一件简单的事。英国学者詹姆斯·麦卡里斯特（James McAllister）在他写的《美与科学革命》（*Beauty and Revolution in Science*）一书中指出：

> 17世纪初与哥白尼生活的时代一样，圆周被赋予了巨大的形而上学和审美价值。比如，在文学意象中圆周继续被看成最重要的图形。比较起来，椭圆被看成审美上不悦人的。尽管今天我们通常把圆周看成椭圆的一种特殊情况，即两个轴长度相等的情况，但在16世纪和17世纪初期，椭圆则被看成扭曲的和不完美的圆周。
>
> 17世纪初期的天文学家都具有对圆周的这一偏爱，开普勒也不例外。许

① 开普勒曾经写道："我们应该仔细倾听第谷的意见。他花了35年的时间全心全意地进行观察……我完全信赖他，只有他才能向我解释行星轨道的排列顺序。""第谷掌握了最好的观察资料，这就如他掌握了建设一座大厦的物质基础一样。"

多人都认为圆周是适于天体运动的唯一形状。

1602年，开普勒决定摒弃火星运行轨道是圆周的假说，而把它视为卵形。这年10月他曾经指出："行星轨道不是圆。这一结论是显而易见的——有两边朝里面弯，而相对的另两边朝外凸伸。这样的曲线形状为卵形。行星的轨道不是圆，而是卵形。"

在作出火星轨道是卵形这一结论之后，开普勒又花了3年时间才最终确定火星的轨道实际上是椭圆。而且发现火星椭圆运动轨道的猜想与观测资料非常一致。这样，古希腊以来统治天文学两千余年的星体必做圆周运动这一"符咒"，被一笔勾销。进一步的研究证明，不仅仅是火星，所有行星运动的轨道都是椭圆，太阳在椭圆的一个焦点上。这就是开普勒的"行星运动第一定律"（也称"椭圆定律"）。

接着，开普勒又证实，行星在椭圆轨道上，有时离太阳远，有时离太阳近，离太阳远时行星运动得比较慢，离太阳近时则运动得比较快。这样，星体做神圣的"匀速"运动也被抛弃。不过还有一点让开普勒聊以自慰的是，行星沿椭圆轨道上的运动还是遵循着一种规律的，它们并不是信马由缰地乱蹦瞎窜。这个规律就是开普勒第二定律：由行星到太阳连一条线（学名叫"矢径"），这条线在相同的时间内扫过的面积相等（所以这个定律也称"面积定律"）。

"均匀性"这一和谐的"美学标准"总算以另一种面貌展现在人们面前！

这里值得注意的是，开普勒的"行星运动第一定律"的发现有第谷的观测资料为契机，那么开普勒第二定律发现的契机是什么？原来，在确定行星沿椭圆轨道运动以后，开普勒迫切希望了解：为什么行星偏爱椭圆运动？行星运动的原因是什么？这是以前天文学家包括哥白尼从未提出过的问题。

1605年，开普勒在写给一位朋友的信中表达了他追求的目标：

我一心想探讨其中的物理原因。我的目标是证明天体的机器不宜比作神圣的有机体，而应该比作一座时钟。因为几乎所有这些运动，只是借助于单一的、十分简单的磁力而形成的，就像时钟的各种运动只是由一个重锤造成的一样。此外，我还可以证明，这个物理概念可以通过计算和几何学表示出来。

这就是说，开普勒认为天体仿佛是一个大钟，被一个单一的力所驱动，而且这个力与地球上所具有的力应该具有同质性。这是一个天才的、划时代的预言，也是开普勒不同于同时代其他天文学家的独特之处。

开普勒与英国物理学家吉尔伯特(William Gilbert，1544—1603)一样，认为太阳是一个巨大的磁石，绕太阳旋转的每一颗行星是小的磁石。行星正是靠着太阳的这种磁力绕太阳旋转；在旋转的时候，行星时而北极面向太阳，时而南极面向太阳，于是太阳对各颗行星时而吸引、时而排斥。正是这一物理学原因使得行星偏离正圆轨道而沿着椭圆轨道运转。这种磁力作用又使开普勒"看"到了"矢径"，并由此推出了面积定律！

英国剑桥大学研究员米歇尔·霍斯金(Michael Hoskin)在他主编的《剑桥插图天文学史》里，对开普勒用磁力思考行星的运动这件事情这样写道：

> 这种物理直觉后来被证明是具有决定性的。例如，在关键的时刻，它导致开普勒认识到他必须将行星轨道与真实的、物理上的太阳联系起来；……它使得开普勒将注意力集中到了由太阳之力造成的实际的行星轨道上，而他的前辈们则全神贯注于分立的几何结构——本轮，等等——所生成的轨道上。

开普勒将他的这些新发现写进《新天文学》(*Astronomia Nova*)一书，该书的全称是《新天文学：基于原因或天体的物理学，关于行星运动的有注释的论述》，于1609年出版。开普勒在书里表达了他的信念：研究地面物体运动的物理学和研究天体运动的天文学"彼此密切相关，没有一种可以离开另一种而达到完美"。他力图用一个动力学理论，代替古希腊的只有几何结构的天文学理论。因此，开普勒被称为现代天体力学的奠基人。

由于与传统的天体做匀速圆周运动的美学标准不一致,开普勒提出的理论受到了朋友们和同事们的强烈反对。他的朋友、德国天文家法布里修斯(David Fabricius,1564—1617)对开普勒说:“你用你的椭圆废除了天体运动的圆周性和均匀性,当我的思考越是深入,我越觉得这种情况荒谬。……如果你能保留正圆轨道,并且用另外的小本轮证明你的椭圆轨道的合理性,那情况会好得多。”

开普勒的另一个朋友英国哲学家罗伯特·弗拉德(Robert Fludd,1574—1637)在他的《宏观世界历史》中,极力谴责开普勒的数学“粗俗”“低俗”,以及“开普勒太快地陷入了污秽和泥土里,太牢固地受到看不见的脚镣的束缚而不能得到自由”。

这意味着法布里修斯和弗拉德并不相信第谷的观测资料,他们相信的是传统的美学标准。甚至于连非常重视实验观测的伽利略(Galileo Galilei,1564—1642)都不相信椭圆轨道,他在1632年出版的《关于托勒密和哥白尼两大世界体系的对话》(*Dialogue Concerning the Two Chief World Systems: Ptolemaic and Copernican*)一书中写道:“只有圆周运动能够自然地适宜于以最佳配置组成宇宙的各个组成部分。”

伽利略和当时许多天文学家一样,没有摆脱传统的审美观念,他没有把他的反传统的智慧和勇气延伸到这个问题上。他坚持认为天体运动是一种与地球上物体运动截然不同的天然的、无始无终的、最完美、最和谐的匀速圆周运动,是一种惯性运动,因而这种运动不需要力的作用,可以无止境地继续运动下去。正是由于这一错误的结论,伽利略忽视了对万有引力的探索,没有把他在地面上得到的运动学和动力学规律扩展到天体运动上。这一错误还影响到其他人对万有引力的探索。

五、世界的和谐

开普勒在提出行星运动第一定律和第二定律以后,对已经取得的成就仍然感到很不满意，这是因为各行星虽然有自己的椭圆轨道半径和运动的速率，但是这些时间和空间量彼此之间没有联系，各行其道，似乎没有什么规律可循。对开普勒这位出色的音乐欣赏家和坚信数学、音乐、天体运动应该处于一个和谐的体系之内的人来说，他相信宇宙一定有一种内在的和谐规则隐藏在什么地方，使各行星之间遵守某种简单的数学规律的制约，而不会彼此毫无关系。

正是因为他有这种坚定的信念，在发现行星运动的第一和第二定律之后的十年里，开普勒又不知疲倦地继续观测行星运动和分析第谷的观测资料。1618年5月，开普勒终于从各个行星运动的观测数据中(见表1)，发现一种内在的规律：

表1　支持开普勒第三定律的行星运动观测数据

	R	R^3	T	T^2	$\frac{T^2}{R^3}$	偏离
土星	9.510	860.085	10.759	115.756	0.135	1.47%
木星	5.200	140.608	4.332	18.766	0.133	0.64%
火星	1.524	3.536	0.686	0.471	0.133	0.36%
地球	1.000	1.000	0.365	0.133	0.133	0.46%
金星	0.724	0.380	0.224	0.050	0.132	−0.95%
水星	0.389	0.059	0.087	0.008	0.129	−2.73%

(表中R表示行星与太阳的相对平均距离，取自表4.4；T表示行星绕太阳转动一周的时间，天数/1000，取自表4.1。)

由表1中右边两列数据可见：$T^2 \propto R^3$，而且误差很小。最大误差不到3%。

这就是开普勒的行星运动第三定律："行星绕太阳转动一周的时间(称公转周期)的平方，正比于它们与太阳平均距离的立方。"

这个定律又称"和谐定律"，它揭示了行星对太阳的距离和其公转周期之间的内在联系，这是一种时空的数学关系，一种隐藏的对称性。在本书第三章的第八款中，开普勒抑制不住内心巨大的喜悦叙述了这个著名的定律：

《宇宙的奥秘》中的相关部分二十二年前因为对这一点尚不十分明了而搁置，需要完成并在这里叙述。因为通过第谷·布拉赫的观测找到了球体中的真

实距离,经过很长时间的不懈努力,我最后终于找到了周期之真实比与球体之比二者之间的关系,那真是:

身无长物技平庸,孜孜以求终回眸。

似水年华随它去,不期而至笑苍穹。

如果你想要知道精确的时间表,那么我在今年,1618年3月8日首次想到,但不幸计算方法出错,因此予以否定,终于在5月15日回归并采取新的攻略,扫除了我思想中的阴霾。我十七年来在第谷·布拉赫的观测数据上花费的心血与我当前研究默契的配合给了我强有力的支持。起初我相信我是在做梦,并以为我的结论其实隐含在我的基本前提中。但事实上,以下结论是绝对肯定和精确的:任意两颗行星的周期之比正好是它们(到太阳)的平均距离之比即真实天球之比的二分之三次方。然而要记得,椭圆轨道两根轴的算术平均值略小于长轴。

开普勒大悟:"天体运动不是别的,不过是几种声音汇成一种连续的音乐。这种音乐只能为心智所领悟,不能被人的耳朵听见。"

1618年5月27日开普勒完成了《世界的和谐》一书,并在1619年将其出版。这本书基本上是《宇宙的奥秘》一书的延续、修正和扩展。开普勒从几何学、音乐、占星学和天文学四个方面证实,宇宙结构是由和谐原理支配的。他不只是罗列出各种和谐关系,而是让和谐本身构成了一种普遍的科学理论基础。以前,哥白尼的学说用34个正圆解释了托勒密需要77个正圆才能解释的天体运动,而现在,开普勒只用7个椭圆,就成功地说明了哥白尼用34个正圆都未能说清的问题。这就使得宇宙的结构显得比以前更加和谐。从中我们可以悟出两个特点:一是开普勒对观测到的事实采取一种新的态度,从二十二年前用一个正多面体组合的几何模型作为解释的主要工具,二十二年后,他关注运动本身及其隐藏的数学关系,从静止不动的宇宙走向了运动着的宇宙;二是他成功地用几何、代数来表达物理的定律,从比较简单的几何关系走向了比较复杂的函数关系——行星运动第三定律。这两个特点对天文学和物理学的发展具有深远的影响。

开普勒显然非常重视这本书的出版,他高兴地写道:

二十二年前,当我第一次找到天球之间的五个正多面体时,我就预言了这个发现。在我还没有看到托勒密的《和声学》之前,我已经下定决心要做出这个发现;在确认这个发现本身之前,我就向我的朋友们许诺把它作为第五卷的卷名。

在十六年前发表的一篇论文中,我坚称必须找到这个发现。为了这个目的,我把生命中最好的一部分奉献给天文学研究。

我拜访了第谷·布拉赫,选择了定居于布拉格。由于至尊至善的上帝启迪了我的思维和激发了我的强烈愿望,延长了我的生命,提高了我的才智,增强了我的力量,并由于两位皇帝和上奥地利省首脑慷慨大方地满足了我的其他需求,我得以足够充分地完成我以前的工作,最终把这个发现公之于众。这个发现超过了我最大的期望,因为本书第三卷中详细讲述的和谐特性,其全部内容连同所有细节,都可以在天体运行中找到。它的呈现模式并不按照我原来的设想,而是按照一种非常不同,但同时也非常出色和完美的模式,其实这是最令我高兴的。

后来,开普勒根据他的行星运动三大定律制定的《鲁道夫星表》与观测到的行星位置充分吻合,因而又具有巨大的经验价值。正是这种经验价值,许多天文学家先后承认了开普勒的理论。

詹姆斯·麦卡里斯特在《美与科学革命》一书中写道:

……起初天文学家很难确定开普勒理论的经验价值,他们熟悉圆周的数学性质却很少熟悉椭圆的数学性质,因而不能顺当地从该理论导出预言并用天文观测数据验证。1627年以后,开普勒理论的经验价值更为明显易见,此时开普勒出版了《鲁道夫星表》。……许多同时代的天文学家都是由于有使用

《鲁道夫星表》的经历而最终承认开普勒理论有巨大的经验价值。

德国天文学家克鲁格(Peter Crüger)教授的话表明了开普勒理论对他的影响：“我不再理会行星轨道的椭圆形式带给我的困扰。”

伏尔泰(Voltaire, 1694—1778)说得更加犀利，他说：“我们以前都是瞎子。”

比开普勒晚出生两个世纪的黑格尔(G. W. F. Hegel，1770—1831)同样高度评价开普勒关于宇宙有序和谐的深刻信念，他把这一信念提升为开普勒的“伟大发现的唯一理由”。在黑格尔看来，开普勒的有序和谐是一种伟大的哲学思想，一种超越时代、超越历史和具有永久生命力的伟大哲学思想。

1930年爱因斯坦在为纪念开普勒逝世300周年而发表的纪念文章《约翰内斯·开普勒》中写道：

> 在我们这个令人焦虑和动荡不定的时代，难以在人性中和在人类事务的进程中找到乐趣，在此时想起像开普勒那样高尚而淳朴的人物，就感到特别欣慰。在开普勒所生活的时代，人们还根本没有确信自然界是受着规律支配的。他在没有人支持和极少有人了解的情况下，全靠自己的努力，专心致志地以几十年艰辛的、坚忍的工作，从事行星运动的经验研究以及这运动的数学定律的研究。使他获得这种力量的，是他对自然规律存在的信仰。这种信仰该是多么深挚呀……

六、一生颠沛流离的开普勒

开普勒几乎终生都在贫穷中度日。虽然他名义上是德国宫廷天文学家，但却长年拿不到薪水。他是历史上数理天文学的先驱，却没办法用天文学的职位养活自己和12个孩子。他只能靠算命使一家人不致活活饿死。

1630年10月，开普勒迫于生活无法维持，只好亲自去雷根斯堡(Regensburg)向国会要求支付被拖欠了近20年的薪水。不幸的是,由于饥寒交迫,在11月2日,开普勒到雷根斯堡后不久就病倒了。11月15日,开普勒这位奋斗一生的哲人,在穷困潦倒中悲惨地离开了人世。

11月17日,他被葬在圣彼得堡公墓里;墓碑上刻的是他生前给自己留下的墓志铭:

我曾测天高,

今欲量地深。

上天赐我灵魂,

凡俗的肉体安睡地下。

后来由于战争连绵不断,他的坟墓已经消失得无影无踪。

开普勒一生颠沛流离,长期处于贫困艰难的生活之中。不断失去亲人的巨大痛苦始终没有离开过他:他结过两次婚,两任妻子为他生下11个孩子,第二任妻子还给他带来一个继女,一共是12个孩子。他自己的11个孩子只有3个孩子最后活了下来,两任妻子也在他之前因病去世。他的母亲由于被控为"巫婆"而险遭烧死,经开普勒冒死抢救总算没有死于酷刑。命运给他带来的忧患和打击无法细数,但他顽强坚忍地挺过来了,并且从宇宙和谐的信仰中寻找到无比的欢乐和慰藉。

爱因斯坦在1949年曾经感叹道:

应当知道开普勒是在何等艰难的条件下完成这项巨大的工作的。他没有因为贫困,也没有因为那些有权支配着他的生活和工作条件的同时代人的不了解,而失却战斗力或者灰心丧气。而且他所研究的课题还给宣扬真理的他带来直接的危险。但开普勒还是属于这样的一类少数人,他们要是不能在每一领域里都为自己的信念进行公开辩护,就绝不甘心。

18世纪德国诗人诺瓦利斯(Novalis, 1772—1801)用诗句表达了他对开普勒的钦佩和仰慕:

向着您，我转过身来，高贵的开普勒，您的智力创造了一个神圣的精神宇宙，在我们的时代里，被视为智慧的东西是什么？是屠杀一切，使高尚的东西变低微，使低微的东西纷纷扬起，甚至使人类精神在机械的法则之下屈服。[①]

捷克作家勃罗德（Max Brod，1884—1968）在他的《第谷·布拉赫的赎罪》（*The Redemption of Tycho Brahe*）一书中说：

开普勒使第谷对他充满了敬畏之情。开普勒全心全意致力于实验工作、完全不理会叽叽喳喳的谗言的宁静心理，在第谷看来，就几乎是一种超人的品质。这有点儿不可理喻的地方，即似乎缺乏某种情感，有如极地严寒中的气息……

①引自车桂《倾听天上的音乐——哲人科学家开普勒》。

位于瑞典斯科讷省汶岛上的第谷博物馆。1576—1597年间，第谷在这里建立了一个天文台和一个堪称世界首个的科学研究中心。开普勒一生积累的观测数据和资料大部分在这里取得，这对他后来的研究有极大帮助。

导读（二）

凌复华
上海交通大学、美国史蒂文斯理工学院　教授

· *Introduction to Chinese Version* ·

本书的目的是，想方设法找到行星及其运动中可能存在的“和谐比”，以便构建一幅“世界和谐”的图画，有时也不免有些牵强附会。抓住了这条红线，就能拨开云雾见青天，不至于被一大堆数字和音乐术语弄得晕头转向。

IOANNIS KEPPLERI,
Mathematici Cæsarei
hanc Imaginem,
RGENTORATENSI BIBLIOTHECÆ.
Consecr.

一、贯穿本书的红线：寻找行星运动的“和谐比”

开普勒是一位伟大的天文学家，他在中世纪黑暗时期积极宣传哥白尼的日心说并有重大发展。他首先根据第谷的观测数据，得出行星的轨道是椭圆形的，进而得出了行星运动三定律。他还设想所有行星都因来自太阳的力而运动，离太阳越近，力就越大。这是科学史上对天体现象物理原因的第一次科学探索。

《世界的和谐》第三章叙述了行星运动第三定律，但相关内容只占本书篇幅的10%，而剩下的90%，除了天文学，还有大量音乐乐理，充满了音乐术语，有些还是现代音乐家都不一定熟悉的17世纪音乐术语。这些内容，初读时颇有雾里看花，不明就里的感觉。

为了更好地理解本书，我们需要知道，在开普勒时代，教会有很大权威，开普勒自己也毕业于神学院并曾试图成为一个牧师，只是因为他相信哥白尼学说而未能如愿；不过，开普勒始终笃信世界是造物主创造的，认为世界这个极致完美的创造物的主要特征是“和谐”，其中充满了导致悦耳和声的小整数之比。

开普勒不仅是一位一流的天文学家，也是一位颇有造诣的音乐理论家。他殚精竭虑，以他卓越的聪明才智，对第谷在20年中积累的最精确肉眼观测数据，进行了多年的不懈研究，试图证明在六颗行星及其运动中存在着“和谐比”。

开普勒首先想到的是五种正多面体。当时只知道六颗行星，把五种正多面体按照一定次序镶嵌在六颗行星的轨道天球（以近似的圆形轨道为大圆的球）之中，似乎是一个很好的选择。从第二章开始，他就在这个方向探索，以后又多次尝试，但收效甚微；最后，他在第九章的表9.4中作了总结，其实宣告了这条路未能走通。

◀ 开普勒画像。

从第三章开始，开普勒试图在行星运动中寻找“和谐比”。他用各种方案做了大量计算，反复试错，最后发现在行星的极端(远日和近日)运动之间，可以找到许多“和谐比”。

总之，本书的目的是，想方设法找到行星及其运动中可能存在的“和谐比”，以便构建一幅“世界和谐”的图画，有时也不免有些牵强附会。抓住了这条红线，就能拨开云雾见青天，不至于被一大堆数字和音乐术语弄得晕头转向。至于这一大堆数字，细心的读者可以发现，本书用到的观测数据主要有五组(周期，远日点处的距离和周日运动，近日点的距离和周日运动)共三十个，搞清楚它们的来龙去脉，对理解本书有很大的帮助。

从现代科学观点看来，开普勒对和谐性的追求只是一个铺垫，他对人类的巨大贡献，是在他著作中只占很小篇幅，简直像是一笔带过的行星运动三定律。不过正是那些长篇累牍的计算和论证，为行星运动三定律做了“嫁衣裳”。

二、本书各章主要内容

《世界的和谐》头绪众多，言语较为晦涩，牵涉到不少虽不复杂却相当烦琐的数字计算。译者为了读懂本书，查阅了不少资料，也做了推导和计算，其结果在相应章节中以“注”的方式给出。阅读本书必备的基本乐理、天文学和多面体方面的知识，则在本《导读》后面提供。译者还把书中的图表统一编号，以便征引。规则是，正文中的图表按章编号，如图1.1、表3.1等。本《导读》中的图表用阿拉伯数字顺序编号，如表1、图1等。

第一章

引入了五种正多面体及它们在世界上的次序，按照六颗行星与太阳的距离，很自然地得到后面经常用到的镶嵌关系：

土星–立方体–木星–四面体–火星–八面体–地球–十二面体–金星–二十面体–水星

开普勒把多面体按照不同方式分类。第一种方式根据多面角由几个面构成，三个面时为原生多面体：立方体、四面体和二十面体，多于三个面时为次生多面体：八面体和十二面体。他又把多面体配成两对，一对是立方体和八面体，另一对是十二面体与二十面体，其根据是同一对中两个多面体的角顶数与面数正好可以互换，因此可以把八面体内接于立方体中，把二十面体内接于十二面体中。他称立方体和十二面体为阳性的，八面体和二十面体为阴性的。剩下的四面体的角顶数与面数相同，称为中性的或雌雄同体。

本书中经常用到单个和成对多面体的内切球与外接球直径比，多面体的几何性质可见后文的表10。由表10容易看出，对四面体这个比是$1:3 \approx 0.3333$，对立方体和八面体这个比都是$1:\sqrt{3} \approx 0.5773$，对十二面体和二十面体约是0.7946。另外也不难算出对立方体–八面体组合是$2:3 \approx 0.6667$，十二面体–二十面体组合约是0.6314。

第二章

叙述了正多面体各种元素之间可能出现和谐比(也就是小整数之比)的四种关系。比值中的项与3,4,5有关，来自多面体及其构成面体的正多边形的各种几何特征，如边数，角顶数、多面角的线数等，这构成了前三种关系。第四种关系就是多面体内切球与外接球的直径比。

第三章

概要说明了需要的天文学知识，包含了本书最有价值的内容：提出了行星运动第三定律。译者把本章各段的要点列于表1中。

本章一开始就强调，只有哥白尼日心说正确地描述了太阳系中的运动，托勒密的地心说是不正确的，但第谷的日–地心说(即五大行星围绕太阳转，太阳围绕地球转)可以与日心说兼容。表1中的第一和第二款阐释了日心说的精髓及他发现的椭

表1 第三章天文学原理主要内容

概述	哥白尼日心说正确，托勒密地心说不正确，第谷日-地心说可以与日心说兼容
第一款	六颗行星绕太阳旋转，月球绕地球旋转
第二款	行星轨道是偏心的，可以用三个圆来描述(在第五款中明确指出是椭圆)
第三款	行星轨道可以从正多面体中取得
第四款	行星轨道与正多面体内外球之比有关
第五款	偏心轨道上的真周日弧(相对于真太阳)与它到太阳的距离成反比
第六款	偏心轨道上的视周日弧(相对于平太阳，即轨道的几何中心)相当精确地与它到太阳距离的平方成反比
第七款	必须从太阳观测而不是从地球观测
第八款	定义相向和相背运动。叙述行星运动第三定律的发现史
第九款	必须研究真周日弧与半径的乘积
第十款	由两颗行星的行程之比乘以真实距离之比得到视尺寸
第十一款	由两颗行星的极端视运动之比得到极端距离之比
第十二款	由同一颗行星的极端运动找到平均运动
第十三款	由行星运动第三定律证明两个相向视极端运动之比总是小于它们的对应距离之比的 $\frac{3}{2}$ 次方

圆轨道。第三和第四款引入了正多面体来处理行星轨道。第五和第六款引入了真太阳和平太阳概念及其与周日弧之间的关系。第七款强调了观测数据必须转换到以太阳为中心。

第八款开始直接与行星运动第三定律相关。开普勒在第八款中声情并茂地描写了第三定律发现的经过，其艰难历程和最终的极度喜悦都跃然纸上，令人感慨。注意行星运动第三定律是作为一条经验定律发现的，后来牛顿给出了严格的数学证明(后文给出)。其后各款是与第三定律相关的一些概念和推出的结果，其中第十三款有较多数学推导。

第四章

除了多面体镶嵌，开普勒也试图从行星的其他参数中寻找和谐比。开普勒拥有第谷留下的大量观测数据，从而有极大优势，因为这些数据被公认为当时(望远镜发明以前）最丰富也最精确的肉眼观测数据，精度高达1′，比前人的差不多高一个数量级。这些数据可以分为：(1)行星的公转周期；(2)行星到太阳的相对距离；[①](3)行星一天内在轨道上经过的距离，即所谓周日运动，此外还有行星的尺寸大小。从和谐的角度，最后一个参数首先被排除，然后周期和行星间距离也被否定，但相邻行星的极端距离（极端指远日和近日）显示了和谐的征兆。开普勒认为和谐应该更多与行星的运动而不是与行星间的距离相关，称同一颗行星的两个极端周日运动之比为固有比，并认为两颗相邻行星的两个不同极端周日运动之间最可能有和谐比。运动的比值在表4.5中列出，与和谐比有一定的接近程度。

第四章表4.1—4.5中的数字结果是本书的重要定量论据。但开普勒在推演过程中采用了一些未予说明的变换，有时还稍微变动原始数据以使得到的比值更接近于和谐比（一般不超过1%，在音乐中是相差20音分，人耳已不能分辨）。而且叙述十分简略，不易读懂。为了帮助读者理解，译者对大多数表都加了附注，说明数字的来龙去脉。这里把要点汇总如下。

表4.1：行星绕日运动周期和周日运动。原始数据是行星的运动周期，以一年365天和一圈360°算出平均周日运动，以60进制的日（以及日分），度（以及分、秒、1/60秒）为单位。

表4.2：行星绕日运动周期约化到一个八度中。原始数据是行星的运动周期，用加倍和减半运算约化到端点值之比为2的区间中，这里的区间约为[350，700]。

表4.3：行星的极端距离中是否存在和谐比。原始数据是行星在拱点的极端距离（即远日距和近日距），考察极端距离之间是否存在和谐比。

表4.4：行星在拱点的周日行程。原始数据是行星在拱点的周日运动（弧的度数）和行星到太阳的平均距离，把前者除以后者算出真周日行程。

表4.5：行星的视极端运动之间的比。原始数据是周日运动（弧的度数），转换

①日地绝对距离的精确数值，最早是根据1769年金星凌日时测得的太阳视角计算得到的1.52亿～1.54亿千米，最新数据是1.4960亿千米。

得到行星在拱点的视周日运动(弧度),转换时考虑了太阳不在轨道的中心,而在椭圆轨道的一个焦点上(真太阳)。于是,远日距为$a(1+e)$,近日距为$a(1-e)$,其中a是半长轴,e是偏心率。由此可知转换因子对近日点是$(1+e)$,对远日点是$(1-e)$。然后考察了这些运动之间的和谐性。

从以上分析可以看出,开普勒应用的原始数据主要有三类共30个数字,即表4.1中的行星运动周期,表4.3中的远日距和近日距,以及表4.4中的远日和近日周日运动。

第五章到第八章的篇幅都很短,其中把极端运动与音乐中的一些元素进行了比对。

第五章

把行星的极端运动安排在音阶里,有硬类型的和软类型的。

第六章

涉及运动对应的调或调式,参见本《导读》的图4。

第七章

涉及硬类型和软类型的普遍和声。

第八章

认为土星和木星有男低音的特征。火星:男高音;地球和金星:女低音;水星:女高音。

第九章

本章篇幅较长,共有49个条目,先验理由17条(其中公理4条,命题13条),后验理由32条(其中公理5条,命题25条,推论和结语各1条)。前者主要关于和谐比,后者主要关于和声。本章内容提要见表2。先验理由中的三条**公理(1,2,3)**总结了本章,其实也是本书的主要内容:处处有和谐、五个正多面体镶嵌在六个行星轨道天球中,以及行星轨道皆有偏心率。先验理由中还有一条**公理10**指出上方行星固有比更重要,剩下的其他命题皆论述行星之间的和谐性。后验理由中前四条是**公理**(18-21),涉及普遍和声的来源、存在范围,以及普遍和声的两种类型和存在性,随后23条**命题**(22-43,45)讨论了可能出现的各种和声,**推论44**指出有关普遍和声结果的理由都是先验的。**公理46**再次指出多面体内外球与行星轨道可能的关系,**命题48**就这一点进行了进一步的讨论。**命题48**显示了许多计算结果,其中最重要的是表9.1中的偏心率。各表中原始数据的来源及计算已在正文的译者注中详细列出,现将其要点叙述如下。

表9.1:行星轨道偏心率的推导。根据行星在拱点的极端距离(即远日距和近日距)计算得到。

表9.2:行星视运动中的和谐比。原始数据是行星在拱点的极端距离(即远日距和近日距),然后考察极端距离之间是否存在和谐比。

表9.3:根据第三定律由周期计算行星的极端距离。其结果与实测结果高度符合。

表9.4:由多面体内外球得到的天球半径及其与实测数据之比较,结论是这种设想与实际情况不甚相符。

表2　第九章有关偏心率与和谐比的内容提要

先验理由	**公理1**	处处有和谐
	公理2	五个正多面体镶嵌在六个行星轨道天球中
	命题3	与天球相比,地球与火星和地球与金星间距小,土星与木星和金星与水星间距中等,木星与火星间距大
	公理4	行星轨道皆有偏心率,影响其运动视角和到太阳的距离
	命题5	每对相邻的行星都分配到两个不同的和谐比
	命题6	和谐比4:5和5:6,不会在行星对中出现
	命题7	纯四度协和音程不能在行星对的相向运动中出现
	命题8	土星与木星的和谐比为1:2和1:3
	命题9	土星与木星固有比的复合为2:3
	公理10	上方行星的固有比更重要
	命题11	土星的远近比是4:5,木星的固有比是5:6
	命题12	金星与水星有大和谐比1:4
	命题13	木星与火星有和谐比1:8和5:24

续表

	命题14	火星的固有比大于3∶4，约为18∶25
	命题15	地球与火星、地球与金星、金星与水星的相向运动分别有和谐比2∶3，5∶8，3∶5
	命题16	金星和水星的固有比之复合为5∶12
	命题17	金星与地球相背运动的和谐比不小于5∶12
后验理由	公理18	普遍和声通过六种运动的复合确立
	公理19	普遍和声必定出现在运动的一定范围内
	公理20	和声分为硬类型的和软类型的
	公理21	两类的各种和声都必定能确立
	命题22	行星的极端运动表示了音阶中的音符
	命题23	必定存在其中只有硬六度3∶5和软六度5∶8这两个协和音程的一对行星
	命题24	和声类型发生改变的两颗行星固有比的差额是第西斯（diesis）
	命题25	和声类型发生改变的两颗行星中，上方行星固有比小于小全音9∶10，下方行星的固有比小于半音15∶16
	命题26	和声类型发生改变的两颗行星中，上方行星和下方行星可能包含的各种小音程
	命题27	地球与金星的和谐比为5∶8和3∶5
	命题28	地球的固有比约为14∶15，金星的固有比约为35∶36
	命题29	火星与地球相背运动的和谐比不小于5∶12
	命题30	水星的固有比最大
	命题31	地球与土星的远日运动成跨越几个八度的和谐比
	命题32	软类型普遍和声中，土星的精确远日运动不可能与其他行星完全和谐
	命题33	硬类型与远日运动关系密切，软类型与近日运动
	命题34	硬类型与上方行星关系密切，软类型与下方行星
	命题35	土星和地球与硬音阶关系密切，木星和金星与软音阶关系密切
	命题36	木星和金星的近日运动在同一音阶中但不在同一和声中，木星和地球的近日运动更非如此
	命题37	土星与木星的复合固有和谐比2∶3及较大和谐比1∶3需添加金星的固有比
	命题38	在土星与木星固有比的复合2∶3盈余中，80∶81给予土星，剩余的19683∶20000即约62∶63给予木星
	命题39	硬音阶行星普遍和声中无土星的精确近日运动和木星的精确远日运动
	命题40	木星与火星相背运动的协和音程1∶8需添加柏拉图小半音
	命题41	火星的固有比是25∶36，是和谐比5∶6的平方
	命题42	火星与地球相背运动的共有比是54∶125，小于根据先验理由确立的和谐比5∶12
	命题43	火星的远日运动不在普遍和声中，但它在软类型音阶中和谐
	推论44	有关普遍和声结果的理由都是先验的
	命题45	金星与水星的和谐比及水星的固有比必须添加等于金星音程的一个音程，水星的固有比成为5∶12，于是水星与金星的近日运动是和谐的

续表

	公理46	若有可能，多面体在行星天球中完全遵循几何内切和外接的比例关系，并因此与内外球之比一致
	命题47	多面体在行星间的镶嵌
	命题48	多面体在行星间的镶嵌受和谐比限制
	命题49	结语：1.和谐的作用胜过简单的几何；2.单独和声之一必须让位给普遍和声

三、相关乐理知识

记谱法

1(do)，2(re)，3(mi)，4(fa)，5(so)，6(la)，7(xi)，1̇(do)，是用简谱演唱的音阶，其中ḋo对应的振动频率是do的两倍，它们覆盖了一个八度。用音名记为 $C\,D\,E\,F\,G\,A\,B\,C'$。

在这些音中，E与F及B与C'之间相隔半音，其他各个音之间都相隔全音。使用升号(#)例如$^{\#}F$表示比F高半音和降号(b)例如^{b}A表示比A低半音，等等，此外还有重升号(𝄪)和重降号(bb)。所有这些升降号都在一个小节内有效，并可以用还原号(♮)取消。两个音高之间的差（音程）常用音分 = $1200\log_2$(两个音高的频率之比)来度量，显然八度的音分是 $1200\log_2(2:1) = 1200$。

音名后加一个数字表示它在不同的音域或频域中，音名后面的数字加1表示升一个八度，频率加倍，音名后面的数字减1表示降一个八度，频率减半。例如小提琴四根弦的空弦音为$G3$，$D4$，$A4$，$E5$，钢琴的音域为$A0$至$C8$。乐曲一般用五线谱写出，各种谱表见图1，其中的$C4$常称为中央C。

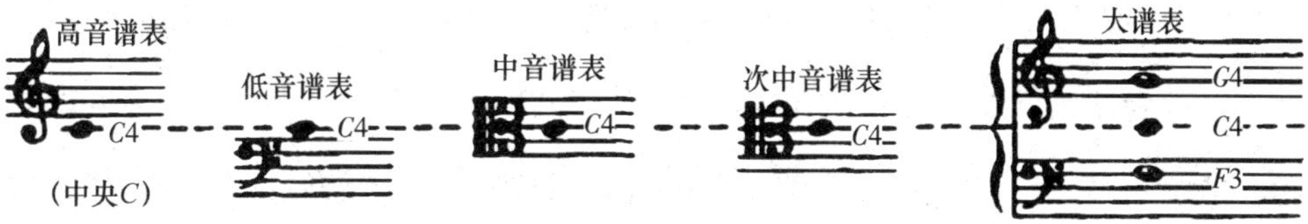

图1 现代五线谱

音律

早在公元前6世纪,古希腊数学家毕达哥拉斯就指出,两根弦的长度之比为小整数时,它们同时发出的音很好听,弦长比是频率比的倒数。

最简单的整数比是1:2,接下来分别是2:3和3:4,于是毕达哥拉斯以C为主音先定出四个音:$F:C=4:3$, $G:C=3:2$,高八度$C':C=2:1$,然后他把F与G之比9:8作为一个全音的量度,按照9:8之比插入D,E,A,B,这样就得到了所谓五度相生律(Pythagorean tuning),如表3所示。

表3 五度相生律、纯律与十二平均律

音名		C	^{b}D	D	^{b}E	E	F	^{b}G	G	^{b}A	A	^{b}B	B	C'
五度相生律	比值	1:1		9:8		81:64	4:3		3:2		27:16		243:128	2:1
	音分	0	90	204	294	408	498	588	702	792	906	996	1110	1200
	音程差	90	114	90	114	90	90	114	90	114	90	114	90	
纯律	弦长	1080	1152	1215	1296	1350	1440	1536	1620	1728	1800	1920	2048	2100
	音分	0	92	204	316	408	498	590	702	814	884	996	1088	1200
	音程差	92	112	112	71	112	92	112	112	71	112	92	112	
十二平均律	音分	0	100	200	300	400	500	600	700	800	900	1000	1100	1200
	音程差	100	100	100	100	100	100	100	100	100	100	100	100	

注意两个音高之间的音程差也常用音分$=1200\log_2$(频率比)来表示。E与F之比及B与C'之比是$256:243=1.05350$,其音分(90)差不多是$9:8=1.125$的音分(204)的一半,毕达哥拉斯把这种音程间隔叫作半音。但是例如在C与D之间插入^{b}D,一般取它的音分为90,于是从^{b}D到D的半音的音分是114,二者略有不同。

这种音律也可以用另一种方式实现:由主音出发,将频率比为3:2的纯五度音程(702音分)作为生律要素,分别向主音两侧同时生音。例如取C为主音,那么按照这个原理向上可生出G,D,A,E,B,向下可生出$^{b}F,{}^{b}B,{}^{b}E,{}^{b}A,{}^{b}D,{}^{b}G$,这样就产生了一个八度之内的十二个音，这就是“五度相生律”名称的来源。

几乎同时或稍后，在中国也定出并开始使用相同的音律。

五度相生律也可以看作是纯律（just intonation）的一种特殊情况——三极限纯律（3-limit tuning）。如果除了纯五度外也应用大三度（4∶5，386音分，见p.41的表6），那么将得到五极限纯律（5-limit tuning），中文文献中所说的纯律若无特别说明，即默指五极限纯律，它也是本书中使用的音律。其实纯律还有许多其他种，但应用较少，这里不予细述了。

但无论哪一种纯律都有一个问题，那就是变调（音高移位）后的旋律不尽相同，于是有人提出了所谓十二平均律，即取2的12次方根1.05946，为相隔半音的两个音的频率比，或半音的音分恒为100。

十二平均律最早由中国明朝皇族朱载堉提出，但并未在中国推广使用。1636年，法国数学家梅森（P. M. Mersenne）在《谐声通论》中，发表了相似的理论。特别是经过18世纪大作曲家巴赫（J. S. Bach，1685—1750）的大力推广，十二平均律已成为钢琴和其他固定音高乐器的标准。但对管弦乐器，还是纯律和十二平均律兼用。不过这些音律中对应的音高相差甚微，一般人的耳朵不会感觉有什么不同。图2显示了三种音律中半音的音分。

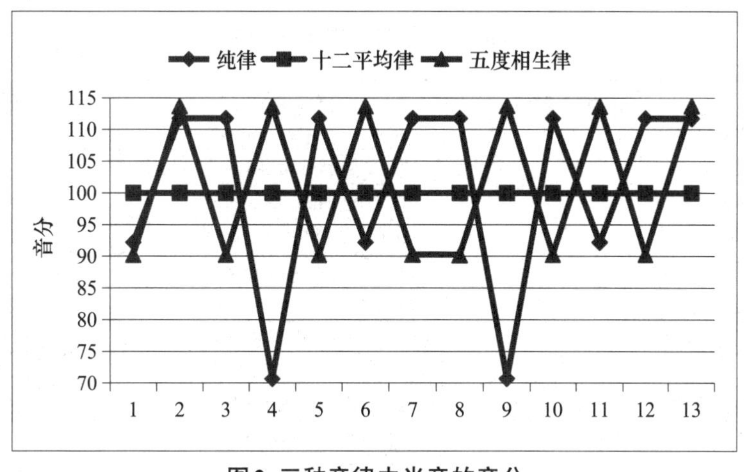

图2 三种音律中半音的音分

至于音高的定位，现代都用*A*4为440赫兹作为基准。这个*A*4就是小提琴*A*弦的空弦音。六十多年前笔者在大学交响乐队时使用定音笛，更专业地使用音叉，也用已正确调音的钢琴。现在当然有许多频率仪可用，但交响乐队演出前的定音，一般以双簧管的*A*音为基准。

和声

开普勒毕生探索世界的和谐，其实就是寻找行星的某些参数之比是否与好听（协和）的音程相对应。因此，我们需要知道哪些音程是协和的，而这只能通过听者的感受来判断，大量受试者的反馈见图3，总结在表4中。从中可以看出，除非比的前后项都是数字1，2，3，4，5，6，8之一，否则不可能得到和谐比。

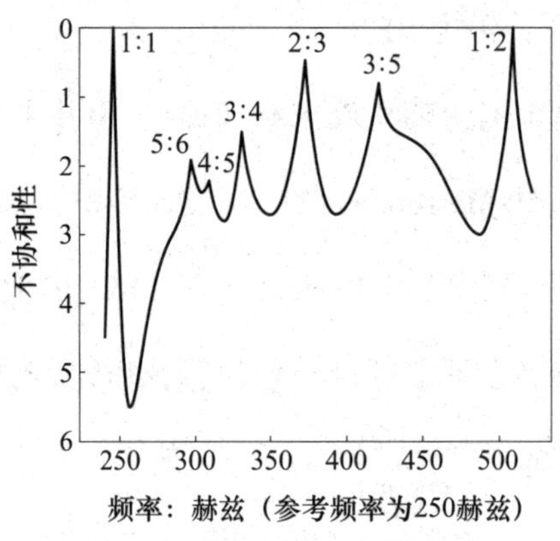

图3 人耳对不同音程的反应

表4 协和音程与不协和音程

	半音数	音程名	大致频率比
极协和	0	纯一度（perfect unison）	1∶1
极不协和	1	小二度（minor second）	16∶15
不协和	2	大二度（major second）	9∶8
协和	3	小三度（minor third）	6∶5
协和	4	大三度（major third）	5∶4
非常协和	5	纯四度（perfect fourth）	4∶3
非常不协和	6	增四度（augmented fourth） 减五度（diminished fifth）	45∶32或64∶45
非常协和	7	纯五度（perfect fifth）	3∶2
协和	8	小六度（minor sixth）	8∶5
协和	9	大六度（major sixth）	5∶3
不协和	10	小七度（minor seventh）	16∶9

续表

	半音数	音程名	大致频率比
极不协和	11	大七度(major seventh)	15∶8
极协和	12	纯八度(perfect octave)	2∶1

这里的大三度与小三度音程之差是一个半音，大小六度和大小七度也是如此，当然它们产生的乐感也不同。大调与小调之间有更多差别。首先，大小调的主音不同，用固定唱名法大调的主音听起来是“do”，小调的主音听起来是“la”(若用首调唱名法，两者的主音听起来都是“do”)。其次，它们的色彩不同，大调一般明朗开阔，小调一般柔和暗淡。另外，大小调每个又各有自然、和声和旋律三种音阶。每种音阶的音级都有些不同，见表5。

表5 大调与小调音阶(以*C*大调与*A*小调为例)

		自然	和声	旋律
*C*大调	上行	*CDEFGAB*	*CDEFGA*^{b}*B*	*CDEFGAB*
	下行	*BAGFEDC*	^{b}*BAGFEDC*	^{b}*B*^{b}*AGFEDC*
*A*小调	上行	*ABCDEFG*	*ABCDEF*$^\#$*G*	*ABCDE*$^\#$*F*$^\#$*G*
	下行	*GFEDCBA*	$^\#$*GFEDCBA*	*GFEDCBA*

第七章中还提到了对位，这是一种常用的作曲技巧。通俗地说，它就好像对话一样，主题在一个声部出现后又呈现于别的声部中(但可能有微小变化)。在对位法中，最重要的就是模仿，旋律的模仿，和声的模仿。对位法是复调音乐的基础。

以上是阅读本书需要用到的一些乐理知识。如前所述，本书试图把音程与天体运动中的参数(主要是周日视弧长)类比，从中寻找世界的和谐，因此一般读者只需知道这些术语及其定义就可以了，若有兴趣深究，请参看本导读末尾的参考文献[8]。

开普勒在17世纪初写作本书时，对乐理知识用到了一些不同的表述，现择要说明如下。

1. 当时的五线谱谱号不全相同，有时还用三线谱。好在音乐家卡特(E. Carter Jr.)在瓦里斯的英文版[1]中已把旧记谱法翻译成现代记谱法，以方便阅读。

2. 开普勒时代只有硬调和软调，没有大调和小调。开普勒书中拉丁语原文用的是genus durum和genus molle，其中genus的意思是“属”，durum是“硬”(hard)，molle是“软”(soft)。我们按邓肯(A. M. Duncan)等人的英译本[2]，使用硬调、软调、硬三度、软三度等相关术语。大调和小调的音阶已在表5中列出，硬调和软调的音阶如表6所示，硬调为*GABCDEF*或*GABCDE*$^{\#}$*F*，软调为*GA*^{b}*BCDE*^{b}*F*或*GA*^{b}*BCD*^{b}*EF*。注意，在瓦里斯(C. G. Wallis)的英译本[1]中，他把硬调、软调分别译成大调、小调。

3. 本书第六章提到了不同的调式或调(musical modes or tones)，其音阶列表如图4(取自原书第三卷第十四章)。我们知道，调指音阶的主音，调性指硬软调(或大小调)，调式是调与调性的合称，例如常见的*C*大调、*A*小调，等等。其实图4中的调性没有变化，只是主音不同，因此事实上只是不同的调。

	1	2	3	4	5	6	7	8	9	10	11	12
#*F*	S	L	S	S	D	S	L	S	S	D	S	L
F	L	S	L	S	S	D	S	L	S	S	D	S
E	S	L	S	L	S	S	D	S	L	S	S	D
b*E*	D	S	L	S	L	S	S	D	S	L	S	S
D	S	D	S	L	S	L	S	S	D	S	L	S
#*C*	S	S	D	S	L	S	L	S	S	D	S	L
C	L	S	S	D	S	L	S	L	S	S	D	S
B	S	L	S	S	D	S	L	S	L	S	S	D
b*B*	D	S	L	S	S	D	S	L	S	L	S	S
A	S	D	S	L	S	S	D	S	L	S	L	S
#*G*	S	S	D	S	L	S	S	D	S	L	S	L
G	L	S	S	D	S	L	S	S	D	S	L	S
	G	#*G*	*A*	b*B*	*B*	*C*	#*C*	*D*	b*E*	*E*	*F*	#*F*

图4 本书中提到的十二种不同的调中的音阶

(显然这里用的是纯律，S=半音，L=小半音，D=第西斯)

4. 本书中用到许多不同的音程，其中最小的“音差”的音分为21.5，人耳一般已不能分辨。表6列出了各种音程及相应参数。注意，古代习惯使用弦长(正比于波长)之比，与现在使用的频率之比正好互为倒数。但比值总是取大项除以小项，因此比值恒大于1。

5. 如上所述，现在一般把不同八度中的音记为*A*0，*B*0，……，*A*1，*B*1，……，*A*2，*B*2，……，*A*3，*B*3，……，但本书中则常用*A*，*B*，……，*a*，*b*，……，a^2(*aa*)，b^2(*bb*)，……，a^3，b^3，……。

表6 音程及相应参数

半音数	音程名	纯律			五度相生律			十二平均律	
		波长比		音分	频率比		音分	频率比	音分
0	纯一度(perfect unison)	1:1	1	0	1:1	1	0	1	0
	音差(comma)	80:81	1.0125	22					
	第西斯(diesis)	24:25	1.0417	71					
	小半音(lemma)	128:135	1.0547	92					
	柏拉图小半音(Plato′s lemma)	243:256	1.0535	90					
1	半音(semitone)	15:16	1.0667	112	256:243	1.0535	90	1.0595	100
	小全音(minor whole tone)	9:10	1.1111	182					
2	大全音(major whole tone)	8:9	1.125	204	9:8	1.125	204	1.1225	200
3	亚小三度(sub-minor tone)	27:32	1.1852	294	32:27	1.1852	294	1.1892	300
	小三度(minor third)	5:6	1.2	316					
4	大三度(major third)	4:5	1.25	386	81:64	1.2656	408	1.2599	400
	二全音(ditone)	64:81	1.2656	408					
	小不完全四度(lesser imperfect fourth)	243:320	1.3169	477					
5	纯四度(perfect fourth)	3:4	1.3333	498	4:3	1.3333	498	1.3348	500
6	增四度(augmented fourth)	32:45	1.4063	590	729:512	1.4238	612	1.4145	600
6	减五度(diminished fifth)	45:64	1.4222	610					
	不完全小五度(lesser imperfect fifth)	27:40	1.4815	680					
7	纯五度(perfect fifth)	2:3	1.5	702	3:3	1.5	702	1.4983	700
	不完全大五度(greater imperfect fifth)	160:243	1.5188	724					
	不完全小六度(imperfect minor sixth)	81:128	1.5802	792					
8	小六度(minor sixth)	5:8	1.6	814	128:81	1.5802	792	1.5874	800
9	大六度(major sixth)	3:5	1.6667	884	27:16	1.6875	906	1.6818	900
10	小七度(minor seventh)				16:9	1.7778	996	1.7818	1000
11	大七度(major seventh)				243:128	1.8984	1110	1.8877	1100
12	八度(octave)	1:2	2	1200	2:1	2	1200	2	1200

注：1. 本表中采用现代音程名，即未用“硬六度”“软六度”，等等。

2. 大全音和小全音也称为大二度和小二度。

四、相关天文学知识

(一)太阳系中的运动

天文学开始于古人对星空的观测。在望远镜发明以前,人们只能借助肉眼。开普勒正处于望远镜被发明并用于天文学观测的时代,[①]但他的数据,主要是被誉为最伟大肉眼观测天文学家第谷积累的(开普勒本人有眼疾,不长于观测)。那时能看到的只有恒星、五大行星(金星、木星、水星、火星、土星)和月球。本书主要讨论对行星(及月球)速度的观测和分析,不涉及物理性质,更不涉及太阳系乃至宇宙的起源和演化等天体物理学问题。因此,本书用到的天文学知识相对比较简单。

尽管如此,但是对于太阳系中的运动的理解,还是经历了一个漫长的历程。现在提起太阳系,大家脑海中常会出现图5中的画面,太阳在中心,八大行星[②]个头有大有小,有的还被卫星[③]或光环围绕。它们的运行轨道是椭圆形的,以太阳为一个焦点,依次相套且略有倾斜。如果身处太阳系外很远处,又有极佳的视力,看到这样一幅图景是十分自然的。问题是我们身处其中,视力又十分有限,必须根据或多或少的观测资料,凭借分析和想象来构建这样一幅图画,实属不易。

---

① 一般认为,望远镜是1608年由荷兰的眼镜店主人汉斯·利普希(Hans Lipperhey)发明的,由两片凸透镜组成的。这个消息很快在欧洲传播,伽利略也于1609年开始自行制造,使放大倍数从几倍提高到几十倍,将之用于天文观测,立即取得了许多重要结果,包括发现月球表面凹凸不平并有山脉和火山口、木星的四颗卫星、太阳中的黑子运动以及得出太阳自转的结论。开普勒改进了设计,用凹凸透镜代替了两片凸透镜,使望远镜性能有所提高。这样的望远镜后来由别人制成,用于观测并确认了太阳中黑子的存在。此后的一个重大改进是牛顿设计的反射式天文望远镜。

② 此外还有7颗较小的矮行星:谷神星、冥王星(5颗卫星)、卡戎星、妊神星(2颗卫星)、鸟神星、阋神星(1颗卫星)和共工星。——译者注

③ 卫星数量:地球1颗、火星2颗、木星82颗(其中最大的四颗由伽利略发现)、土星79颗(都很小,组成一个光环)、天王星27颗、海王星14颗。——译者注

图5 太阳系示意图

（从里到外的行星依次是：水星、金星、地球、火星、木星、土星、天王星和海王星。星球及其轨道的大小均未按比例。）

简单回顾一下人们如何逐步到达这样一个系统是有意义的，我们根据《找到我们在太阳系中的位置》[10]，把从古希腊到牛顿时代的重要人物和事件列在表7中。

遥望星空，古人们看到的是满天星斗，每个晚上看到的都略有不同，似乎转动了一个角度。于是毕达哥拉斯认为地球绕中心火旋转，不过绝大多数人都认为星空在转，地球是中心，于是欧多克斯提出所有恒星都在一个以地心为中心的刚性水晶球面上。这种说法受到他的老师柏拉图的启发，柏拉图认为五个正多面体中有四个分别代表地球、水、火、气，第五个代表宇宙。

然而人们也早已注意到所谓的流浪星球，太阳和月亮每天东升西落，还有水木金火土五大行星，它们相对于背景恒星的位置每天都有变化。欧多克斯最早想到用26个转轴倾斜不同的球面来描述流浪星球，并认为它们只能做匀速运动。后来他的一个学生又把球面数量增加到33个。

表7 太阳系运动理论发展简史

序号	学者	生卒年	主要贡献
1	毕达哥拉斯（Pythagoras）	约前570—前495	认为地球绕中心火旋转
2	柏拉图（Plato）	约前428—前348	用五个正多面体来描述宇宙
3	欧多克斯（Eudoxus of Cnidus）	约前400—前350	用以地球为中心的26个同心球面描述天体运动。首先提出天体在球面上做匀速运动
4	亚里士多德（Aristotle）	前384—前322	把同心球的数量增加到49个，并提出运动的物理学
5	阿里斯塔克（Aristarchus of Samos）	约前310—前230	日心说和地球自转说的萌芽
6	阿波罗尼奥斯（Apollonius of Perga）	约前240—前190	提出描述天体运动的本轮和均轮
7	喜帕恰斯（Hipparchus）	约前190—前120	用本轮和均轮描述太阳运动
8	托勒密（Ptolemy）	约100—170	引入非均匀运动更好描述天体运动，但借助对位点（equant）伪装成匀角速运动。他的天文学理论成为以后1400年中的主导理论
9	哥白尼（Copernicus）	1473—1543	日心说
10	第谷·布拉赫（Tycho Brahe）	1546—1601	精度达1′的肉眼观测，空间充满流动介质，日-地心说
11	开普勒（Kepler）	1571—1630	行星运动三定律，真太阳，太阳是运动之源
12	伽利略（Galileo）	1564—1642	把望远镜用于天文观测，发现太阳黑子、木星四卫星、金星相位变化等。惯性运动概念
13	牛顿（Newton）	1643—1727	行星在与距离平方成反比的力作用下运动，由此证明了开普勒行星运动三定律。发明反射式望远镜。提出验证地球自转的法则

柏拉图的另一个学生亚里士多德把球面数量增加到55个（其中6个其实并无必要），并认为有某种能量在推动天球旋转。亚里士多德是历史上第一位百科全书式的学者。他的写作遍及物理学、生物学、逻辑学、伦理学、美学、哲学和艺术等。他的物理学思想曾统治世界1500年，其要点是目的和位置，万物的运动都有目的

并趋向它们应有的位置。天体都由以太（亦称第五种元素）组成，而月下有四种元素：地球、水、火和气在宇宙中心，他把运动分为两种，第一种是自然运动。对于天体，自然运动是匀速旋转，而月下元素是趋向宇宙中心运动，并按重量分层，水在下，火和气在上。因为月下诸元素的混合经常改变；又有第二种非自然或暴力运动，它由推动力引起，其速度正比于推动力，反比于重量和介质厚度。这有一个直接后果："大自然厌恶真空"，也就是说，空间必须由什么东西填满。

后来的进展是：阿波罗尼奥斯引入均轮（中心在地球上）和本轮（中心在均轮上），以便更好地描述行星的运动，而后喜帕恰斯用本轮和均轮描述了太阳的运动。公元2世纪，托勒密发表了巨著《至大论》，该书堪称古希腊-罗马天文学的总结。

为了更好描述太阳系中天体的运动，托勒密引入了本轮在均轮上的非均匀运动。但是为了避免与传统的天体均匀运动理念冲突，他又独创均轮的偏心对位点[①]，使这种非均匀运动从对位点看起来是均匀的。他的天文学理论成为以后1500年中的主导理论。此后欧洲进入黑暗时期，古希腊文明被忘却，幸好阿拉伯人保存了希腊文化。10世纪以后，欧洲开始复兴，当时的大翻译运动把许多古希腊经典著作（有些通过阿拉伯文）译为拉丁文。这个时期的天文学，是托勒密地心说和亚里士多德物理学的天下。

也有不同声音，不过未受重视。前面已提到公元前6世纪毕达哥拉斯认为地球绕中心火旋转。阿里斯塔克在公元前3世纪提出过日心说和地球自转说。但真正的革命性改变，出现在16世纪中叶，波兰天文学家哥白尼在《天体运行论》中提出日心说，对统治了1500年的托勒密地心说提出了挑战。

① 古人认为行星只能在球面上做匀角速运动，因此均轮绕地球做匀速运动；行星在本轮上做匀速运动，而本轮的中心在均轮上。托勒密注意到非匀速运动与实验数据更符合，但他不愿破坏均匀运动的规则，因此他让均轮绕一个虚拟点做匀角速运动，这个虚拟点与地球关于均轮中心对称。后来阿拉伯天文学家称之为equant point。这个词尚无统一中文译名，译者根据上述对称性称之为"对位点"[11]。清华大学吴国盛教授对此有专文探讨，列举了九种不同的译名，他建议译为"偏心匀速点"。如上所述，equant的内涵很广，任何中译名都只能包含其一部分。——译者注

其实，地球和太阳孰静孰动，是相对的。就像坐在平稳移动车船中的人，很容易认为周围环境在运动。但是哥白尼的日心说，对描述行星的运动至少有以下优势：

(1) 对内行星和外行星的区分提供了一个自然的解释；

(2) 不需要本轮，就可以对行星的倒退运动及其与亮度之间的关系，提供自然的解释；

(3) 说明了行星的视运动与太阳的视运动之间的关系，这是托勒密系统的一大难点；

(4) 设置了行星的确定次序，而托勒密却不能；

(5) 发现了行星轨道大小与运行周期之间的联系。

不过他的理论也有神学上(违背了《圣经》中的地球静止说)、物理学上(违背了亚里士多德的运动理论)和天文学上(计算复杂，精度也未必好过托勒密理论)的障碍，而且要撼动一个似乎没有明显错误的老概念，谈何容易。

前两点现在看来当然不是问题，但当时也至关重要。另外还有一个重要原因是，为了解释星空变化和日落日出等现象，绝大多数人的直觉倾向于选择星空和太阳运动而不是地球运动。因此在《天体运行论》发表后几十年里，相信哥白尼理论的学者只有寥寥可数的七人[10]：哥白尼本人，他唯一的学生雷蒂库斯(Rheticus)，雷蒂库斯的两个朋友，一位波兰主教，一位比利时鲁汶大学的教授，还有一位作家，而且最后这位作家后来又反悔了。

约50年后，马斯特林在德国图宾根大学任教，他可能是当时欧洲唯一信奉哥白尼理论的天文学教授。开普勒于1593年入学后成为他的学生，受到他的影响。开普勒于1596年出版了《宇宙的奥秘》，支持哥白尼理论。1600年受雇于第谷·布拉赫。一年后第谷去世，开普勒利用第谷积累的精确观测数据潜心钻研，于1609年和1619年分别出版了《新天文学》和《世界的和谐》，提出了行星运动三定律，并认为太阳是运动之源，彻底抛弃了托勒密天文学和亚里士多德物理学。他对哥白尼理论的改进使得对行星轨道的预测精度大大提高。

第谷也是天文学史中的一位重要人物。他是肉眼观测的最佳者也是最后一人，观测精度达到1′，比托勒密的数据的精度高一个数量级或更多。他认为恒星并非镶嵌在刚性球面上，而是处于流动介质中。但是第谷不相信地球环绕太阳转动。他的理由是：如果地球相对于恒星运动，那么我们应该能够观察到恒星周年视差，但他未观测到。其实视差是有的，后面会提到，但第谷低估了恒星与我们的距离，并且肉眼观测的精度毕竟有限。第谷提出的理论是日-地心说，即行星环绕太阳运行但太阳环绕地球运行。由相对运动的概念容易想到，两种计算的结果其实是一致的。

开普勒的同时代人中还有伽利略。伽利略在许多领域中都有重大贡献。在天文学方面，主要是改进望远镜观测到太阳黑子、木星四卫星和金星相位变化等，提出了惯性运动概念。他也相信哥白尼理论，1633年伽利略被宗教裁判所认定有罪也与此有关。

伽利略逝世后一年，牛顿诞生了。牛顿是科学革命的最主要人物，他认为天体之间的相互作用力与地球上的重力一样，从而天体在与距离平方成反比的引力作用下运行，由此容易导出开普勒三定律，如后文所述。牛顿在天文学上的另一大贡献是设计了反射式望远镜，避免了光的色散对观测造成的影响。另外，他提出的测量地球自转的方法，后来都得到验证。

（二）开普勒行星运动三定律及其证明

第一定律：行星轨道呈椭圆形，以太阳为一个焦点。

第二定律：从太阳到行星的半径向量在相等的时间内扫过相等的面积。

第三定律：公转周期的平方与椭圆长半轴的立方之比对于所有行星都是相同的。

开普勒定律是基于行星观测数据的经验定律,牛顿的伟大成就是根据他的万有引力定律和运动定律对开普勒定律在数学上给出了证明。证明过程并不复杂,具有中学物理和初等微积分知识的读者不难看懂。

1.第一定律的证明

在极坐标系中描述行星在椭圆轨道上的运动,如图6所示。

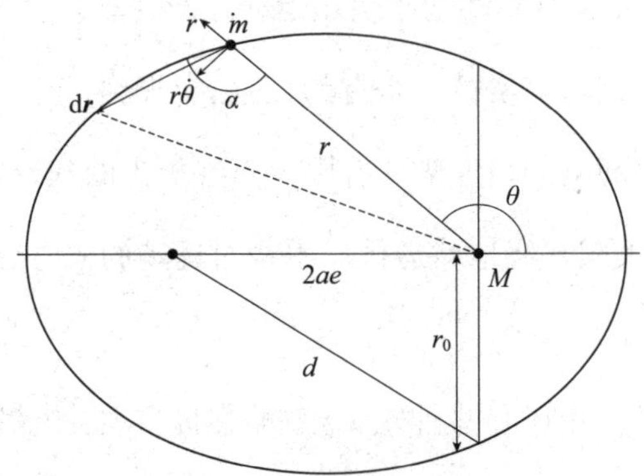

图6 开普勒定律的证明用图

其中,质量为M的太阳位于椭圆的一个焦点上,取为极点;质量为m的行星在椭圆轨道上,它到太阳的距离是极半径r;于是总能量为

$$E=\frac{1}{2}mv^2-\frac{GMm}{r},$$

其中v是行星m的速度,G是引力常数。m的速度v有两个分量:径向分量$\frac{\mathrm{d}r}{\mathrm{d}t}$,记作$\dot{r}$,以及与之垂直的切向分量$r\omega$,$\omega(=\dot{\theta})$是瞬时角速度,其中$\theta$示于图6。因为这两个分量是正交的,速度$v$的平方等于它们的平方和,而能量方程可以写成极坐标形式:

$$E=\frac{1}{2}m\left(\dot{r}^2+r^2\dot{\theta}^2\right)-\frac{GMm}{r} \tag{a}$$

同样,因为$r\dot{\theta}$是$\boldsymbol{v}$垂直于r的分量,我们可以写出m的角动量为

$$L=mr^2\dot{\theta}$$

作变换$\rho = \frac{1}{r}$,于是$\dot{\theta} = \frac{L\rho^2}{m}$。积分得到

$$\theta = \int \frac{L}{m}\rho^2 \mathrm{d}t = \frac{\mathrm{d}t}{\mathrm{d}\rho}\mathrm{d}\rho。$$

但是$\dot{r} = -\frac{1}{\rho^2}\frac{\mathrm{d}\rho}{\mathrm{d}t}$,故

$$\theta = -\int \frac{L}{m\dot{r}^2}\mathrm{d}\rho。 \tag{b}$$

由方程(a)得到

$$\dot{r}^2 = \frac{2E}{m} + 2GM\rho - \frac{L^2}{m^2}\rho^2。 \tag{c}$$

又记

$$r_0 = \frac{L^2}{GMm^2}, \tag{d}$$

$$e^2 = 1 + \frac{2Er_0}{GMm},$$

显然,r_0 和 e 都是常数。引入这两个常数的目的是使我们的答案可以立即被识别为椭圆,但我们还需要进一步运算。首先把方程(c)改写成

$$\dot{r} = \frac{L}{m}\left[\frac{e^2}{r_0^2} - \left(\rho - \frac{1}{r_0}\right)^2\right]^{\frac{1}{2}}。$$

把它代入方程(b)中得到

$$\theta = \int \frac{1}{\sqrt{\left(\frac{e}{r_0}\right)^2 - \left(\rho - \frac{1}{r_0}\right)^2}}\mathrm{d}\rho = \cos^{-1}\left(\frac{\rho - \frac{1}{r_0}}{\frac{e}{r_0}}\right)。$$

它可以写成

$$r = \frac{r_0}{1 + e\cos\theta},$$

而这正是原点在一个焦点上的椭圆的极坐标方程,其中r_0是半正焦弦,e是偏心率。

2. 第二定律的证明

在时间 dt 内行星移动了一小段 d$\boldsymbol{r}$。这个向量与太阳形成的小三角形(图6)的面积为

$$\mathrm{d}A = \frac{1}{2} r\mathrm{d}r \sin\alpha$$

其中α是$\boldsymbol{r}$与d$\boldsymbol{r}$之间的角度$\left(\text{回忆起三角形的面积是}\frac{1}{2}ab\sin C\right)$。用向量积形式把这个面积写成垂直于三角形所在平面的伪向量d$\boldsymbol{A}$,

$$\mathrm{d}\boldsymbol{A} = \frac{1}{2}\boldsymbol{r} \times \mathrm{d}\boldsymbol{r}。$$

运动扫过面积的速率因此是

$$\dot{\boldsymbol{A}} = \frac{\mathrm{d}\boldsymbol{A}}{\mathrm{d}t} = \frac{1}{2}\boldsymbol{r} \times \dot{\boldsymbol{r}}, \tag{e}$$

进而,加速度为

$$\ddot{\boldsymbol{A}} = \frac{1}{2}\dot{\boldsymbol{r}} \times \dot{\boldsymbol{r}} + \boldsymbol{r} \times \ddot{\boldsymbol{r}}。$$

我们知道,方向相同的两个向量的向量积为零,因此上式中第一项显然为零。又因为行星只受到太阳与行星之间的万有引力作用,因此它的加速度$\ddot{\boldsymbol{r}}$在太阳与行星的连线上,从而与$\boldsymbol{r}$同线,因此上式中第二项也为零。于是扫过面积的速率为常数,第二定律证得。注意,这一定律对“中心力”作用下的任何运动都成立。

3. 第三定律的证明

半长轴和半短轴分别为a和b的椭圆的面积为

$$A_{\text{tot}} = \pi ab = \pi a^2\sqrt{1-e^2}$$

其中,e是偏心率(我们知道$b = a\sqrt{1-e^2}$),于是由方程(e)扫过面积的速率为

$$\dot{\boldsymbol{A}} = \frac{1}{2}\boldsymbol{r} \times \dot{\boldsymbol{r}} = \frac{1}{2}\boldsymbol{r} \times \boldsymbol{v} = \frac{L}{2m},$$

其中L是行星环绕太阳轨道的角动量,m是它的质量。轨道周期T就是扫过面积

A_{tot}所用的时间,

$$T=\frac{\pi ab}{\frac{L}{(2m)}}=\frac{m}{L}2\pi a^2\sqrt{1-e^2},$$

于是

$$T^2=\frac{m^2}{L^2}4\pi^2a^4\left(1-e^2\right)。\tag{f}$$

还需要消去这个表达式中的L和e。由图 6,对于椭圆有$d+r_0=2a$,于是根据勾股定理得到

$$\left(2a-r_0\right)^2=4a^2e^2+r_0^2,\ r_0=a\left(1-e^2\right)。$$

代入方程(d)中的r_0,我们得到

$$\frac{m^2}{L^2}=\frac{1}{GMa\left(1-e^2\right)}$$

于是我们可以把方程(f)写成

$$T^2=\frac{4\pi^2}{GM}a^3$$

于是第三定律得证,顺便也得到了其中的万有引力常数G。

(三)地球公转和自转的证明

1. 地球公转的证明

从直观上看,人们很难想象地球在运动。因此,对这一问题进行科学证明是非常必要的。那么,如何确认地球在公转呢? 有一条黄金法则,就是所谓的恒星周年视差(parallax)。

实际上,行星并非真正镶嵌在一个很大的球面上。也就是说,不同恒星与地球的距离是不同的。我们观测到的行星的坐标,其实只是它们在一个很大的球面上的投影的坐标。

如果地球没有公转,那么每天同一时刻(消除地球自转的影响)观测到的恒星

坐标视位置应该相同,不然会有微小差异,也就是在地球公转一周回到原先位置的一年中一直有变化,这就是周年视差。但是除非这颗恒星离我们很近,仪器精度非常高,周年视差是无法测量的。连肉眼观测第一人第谷,也做不到,他因此而不能接受日心说而自创地-日心说。

伽利略改进了望远镜并用于天文观测,使得这方面的努力得以继续。前面已经提到胡克对恒星视差的观测,弗拉姆斯蒂德也发表过类似结果。不过都因为数据不足而难以让学界信服。

半个世纪以后,英国天文学家布拉德莱(J. Bradley)及合作者,开始用精度达到1″和0.5″的望远镜观测,他们得到了许多可信的结果,但发现角度变化的模式不符合周年视差的规律。布拉德莱用地球转轴晃动假设成功地解释了这种现象,但即使考虑了这个因素,约化的数据仍不能提供有说服力的周年视差。后来又有人对双星进行观测或用更传统的测量恒星位置在天球上微小变化的方法,但均无功而返。

这样又过了100年,当大家都觉得永远不可能成功地测量周年视差时,德国天文学家贝塞尔(F. W. Bessel)突然在1838年和1839年连续发表了三组数据。他发现天鹅座61的周年视差为0.3136″,这也说明了它与我们相距约11光年。另外两个结果分别是:比邻星(最近的恒星)1′,约4.25光年;织女星0.261″,约25光年。

2.地球自转的证明

人们对地球的自转在直观上比较容易接受,不过仍需要进行科学证明。

第一种证明方式是牛顿建议的。他通过计算得到地球的极半径与赤道半径之差为17英里。18世纪40年代,法国科学家测量得到的数据为13英里。

第二种证明方式也是牛顿建议的。他指出,由于地球的自转,从高处抛下的物体,会略微偏向东方。后来有许多人做了这个实验,其中最令人信服的是,1902年在哈佛大学做的实验,从高处抛下948个球,发现偏差为向东0.15厘米,与牛顿预测的0.18厘米颇为接近。也有些实验发现有略微向南的偏差0.005厘米，但这显然是因为精度不够而引起的。后来在其他实验中，也发现过或是略微向南或是略微向北的趋势。

关于地球自转最著名的验证，当属1851年法国物理学家傅科(J.-B.-L. Foucault)在巴黎天文台首次展示的傅科摆。傅科在加工实验设备时，注意到一根振动的金属杆，它即使被夹在车床卡盘上转动时，也会保持其振动平面不变。傅科随即想到，这可以用来证明地球的自转。设想在北极放一个摆，那么因为地球的自转，在地面上的人看来，摆动平面会缓慢转动，24小时转一圈。容易理解，在赤道上的摆就没有这种转动现象。也不难证明，把摆安装在其他纬度上，转圈的时间延长为24小时/ $\sin\varphi$， 这里φ是所在地的纬度。摆越长，摆锤越重，悬挂端的摩擦力越小，摆动周期就越长，观察就越方便。

第一台傅科摆摆长67米，摆锤重28千克。目前在世界各地许多大学和自然博物馆里，都安装有傅科摆，受到许多访客钟爱。人们甚至在建设南极科考站时，也利用脚手架试验了一个摆长33米，摆锤重25千克的傅科摆，确认了其旋转周期约为24小时。

(四)一些天文学术语

行星的轨道是椭圆这个概念，是开普勒在本书出版前不到20年提出的，当时几乎每个人都相信行星轨道是圆形的，并认为行星在以该圆为大圆的球上运行。这个球被称为天球，最早由托勒密提出。

开普勒往往用三个同心圆来代替椭圆，与之相应的天球是近日天球、远日天球和平均天球。椭圆的偏心率是有严格定义的，它等于(长轴—短轴)/长轴。他又注意到，诸行星的椭圆轨道并不在一个平面上。本书中常用eccentric来描述这条轨道。以前译为“偏心圆”，本书中改译为“偏心轨道”。

在哥白尼之前，人们一直认为行星环绕地球运动，对运动的视角的观测也是以地球为中心的，而现在要以太阳为中心，故需冠以“真”(true)这个前缀，例如“真周日弧”。这里的“周日”(diunal)指一天内的行程，相应的“周年”(annual)指一年内的行程。另外用“视”(apparent)这个前缀来表示以轨道的几何中心(平太阳)为中心，但有时也说，以太阳为中心(真太阳)的“视周日弧”，于是它就等同于“真周日弧”。

本书常常提到轨道上的拱点(apsides)，即近日点(pelihelion)和远日点(aphelion)。极端运动(extreme movement)，指行星的在近日点的(最快)运动和在远日点的(最慢)运动，这里的运动指前面所述行星的真周日弧。有时也称为“较高的运动”和“较低的运动”。

本书中也常常比较两个极端运动：相向的(converging, approaching)和相背的(diverging ,receding)。前者指两颗行星在最接近的两个拱点(即上方行星的近日点和下方行星的远日点)处的运动，后者指两颗行星的在最远离的两个拱点(即上方行星的远日点和下方行星的近日点)处的运动。顺便指出，无论是相向的还是相背的运动，两颗行星之间距离的变化都没有明确的取向，而且这与行星的公转方向无关。

以太阳为中心向外的行星，分别为水星、金星、地球、火星、木星、土星。在本书中，相对靠内的行星，称为“下方行星”(lower planet)；靠外的行星，称为“上方行星”(upper planet)。有时也分别称它们为“较高的行星”和“较低的行星”。另外，称地球以内的金星和水星为“内行星”(inferior planet)；地球以外的火星、木星和土星为“外行星”(superior planet)。“内行星”和“外行星”这两个词在瓦里斯的英译本[1]中未出现，在邓肯等人的英译本[2]中出现几处，但从上下文看，指的还是“下方行星”和“上方行星”。

本书中用了许多简称，其意义稍加思索就会自明，为尊重原作，未予修改，只在文中首次出现处加注，并在这里汇总供读者查阅。

· 轨道之比(proportion of the orbits)，指轨道特征尺寸(例如椭圆长轴)之比；

· 运动(motion)，指运动距离(即行程)，以弧的度数为单位；

· 平均距离(average distance)，指行星到太阳的平均距离，也常常简写为距离；

· 多面体的球之比，指多面体的内切球与外接球直径比。

还需要解释一下在第三章(第32页)和第四章(第51页)用到的“平近点角”这个概念，相关的概念还有“真近点角”和“偏近点角”，以及开普勒方程。这些角在图7中显示。

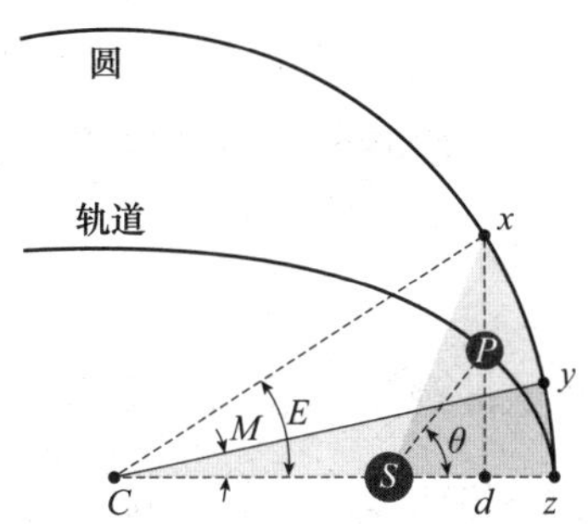

图7 轨道学中常用的一些角度(图中圆与椭圆轨道外切，且二者的中心相同)

M:平近点角，θ:真近点角，E:偏近点角；S:太阳(椭圆轨道的焦点)，P:行星，C:中心

它们之间的关系是(其中e是椭圆轨道的偏心率)：

$$\tan\frac{\theta}{2}=\sqrt{\frac{1+e}{1-e}}\tan\frac{E}{2}$$

$$M=E-e\sin E$$

其中第二式称为开普勒方程。

真近点角与偏近点角之间的关系由图7可以自明，真近点角与平近点角之间的关系如图8所示：真近点角对应的圆扇形与整圆面积之比，如同平近点角对应的圆扇形与整圆面积之比。

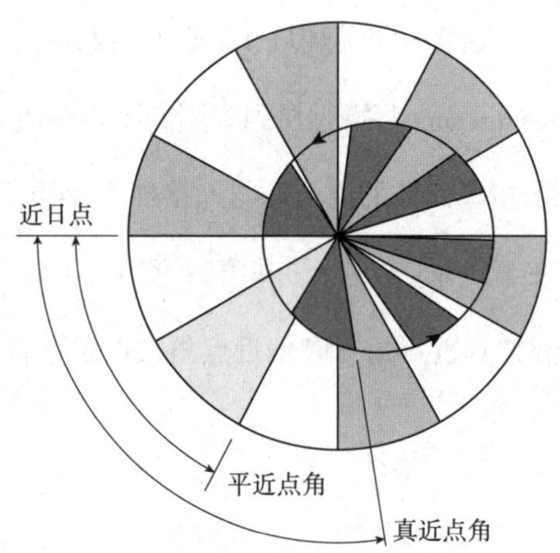

图8 真近点角与平近点角

(五)一些天文学数据

本书用到了许多行星参数的观测数据,特别是与运动相关的数据。肉眼观测数据,其实主要就是行星在固定恒星背景上的坐标,一般是球面坐标系中的经度和纬度。古人也制造了许多仪器,使观测和推算更为方便。有了坐标数据,行星的运动周期就可以根据它回到同一位置所需的时间而获得。本书中用得最多的数据,是周日运动或称周日弧,即行星在一天中坐标的变化,以度计量。在日心系统中要考虑变换到以真太阳为中心。

此外,还需要通过测量地球、太阳和行星的角度,用三角方法计算行星到太阳的相对距离(以日地距离为参考),即轨道的大小。有了周期和轨道大小,就可以算出平均速度。开普勒使用的经过加工的第谷观测数据,见第四章表4.1和表4.3—4.5。我们在本导读的表8给出了这些数据与现代数据的对比,现代数据基本上从百度和维基百科都能查到。从表8中可以看出,四百多年前的数据已经相当精确。表9则列出了相关的现代数据和其他重要数据。

表8 开普勒天文学数据与现代数据的对比

		水星	金星	地球	火星	木星	土星
周期（日）	现代	87.97	224.70	365.24	686.97	4329.63	10751.84
	开普勒（由表4.1）	87.97	224.70	365.25	686.98	4332.62	10759.20
	误差	0	0	0	0	0.07%	0.07%
相对平均速度	现代	1.5902	1.1758	1.0000	0.8061	0.4388	0.3250
	开普勒（由表4.4）*	1.6662	1.1771	1.0000	0.8153	0.4388	0.3216
	误差	4.78%	0.10%	0	1.15%	−0.01%	−1.05%
近日距离（天文单位）	现代	0.3075	0.7184	0.9833	1.3820	4.9501	9.0412
	开普勒（由表4.3）	0.3070	0.7190	0.9820	1.3820	4.9490	8.9680
	误差	−0.16%	0.08%	−0.13%	0	−0.02%	−0.81%
远日距离（天文单位）	现代	0.4667	0.7282	1.0167	1.6660	5.4588	10.1238
	开普勒（由表4.3）	0.4700	0.7290	1.0180	1.6650	5.4510	10.0520
	误差	0.71%	0.11%	0.13%	−0.06%	−0.14%	−0.71%
平均距离（天文单位）	现代	0.3871	0.7233	1.0000	1.5240	5.2045	9.5825
	开普勒（由表4.4）	0.3880	0.7240	1.0000	1.5240	5.2000	9.5100
	误差	0.23%	0.09%	0	0	−0.09%	−0.76%

*由表4.4最右列算出平均周日行程（在远日点和近日点的平均）后得到。

表9 行星参数现代数据

	水星	金星	地球	火星	木星	土星
质量（kg）	3.3011×10^{23}	4.8675×10^{24}	5.97237×10^{24}	6.4171×10^{23}	1.8982×10^{27}	5.6834×10^{26}
平均密度（g/cm^3）	5.4270	5.2430	5.5079	3.9335	1.3260	0.6870
直径（km）	4880	12104	12756	6779	139822	116464
半长轴（天文单位）	0.3871	0.7233	1.0000	1.5237	5.2044	9.5826
偏心率	0.2056	0.0068	0.0167	0.0934	0.0489	0.0565
公转周期（日）	87.97	224.70	365.24	686.97	4330	10752
平近点角（度）	174.7960	50.1150	358.6170	19.4120	20.0200	317.0200
轨道倾角（度）	7.0049	3.3946	7.1550	1.8500	1.3030	2.4850
近日点（天文单位）	0.3075	0.7184	0.9833	1.3820	4.9501	9.0412
远日点（天文单位）	0.4667	0.7282	1.0167	1.6660	5.4588	10.1238
平均公转速度（km/s）	47.3600	35.0200	29.7830	24.0070	13.0697	9.6800
卫星数	0	0	1	2	79	82

注：表9中的轨道数据，即偏心率、公转周期、平近点角和轨道倾角，均标识为J2000.0，即它们是在2000年1月1日某个特定时刻测量的数据。

五、五种正多面体的几何性质

正多面体在古希腊就广为人知，最早记载于柏拉图的《蒂迈欧篇》，欧几里得《几何原本》[3]第十三卷对之有详细讨论。柏拉图用四种正多面体来表示大自然的四种元素，剩下的一个十二面体表示整个宇宙，如图9所示。本书中，开普勒试图把这些正多面体，镶嵌到行星轨道所在的天球中。

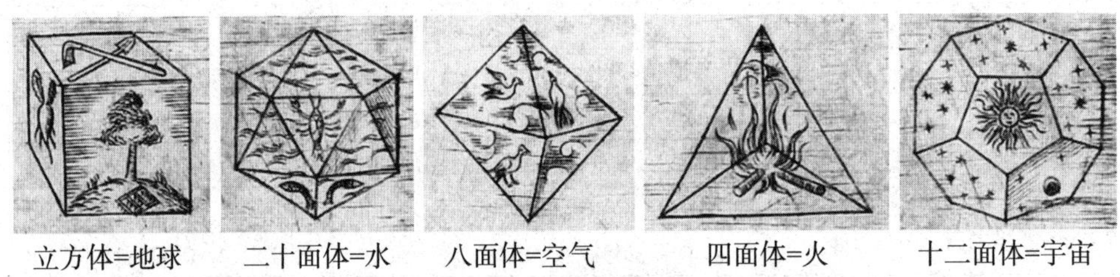

图9 柏拉图使用的多面体及其所代表的含义

本书用到的是五种正多面体的几何性质，总结在表10中。其中的数据可以帮助读者理解本书中的相关陈述。

表10 五种正多面体的几何参数

名称	四面体 (Tetrahedron)	立方体 (Cube)	八面体 (Octahedron)	十二面体 (Dodecahedron)	二十面体 (Icosahedron)
图形					
顶点数(V)	4	8	6	20	12
边数(E)	6	12	12	30	30
面数(F)	4	6	8	12	20
二面角(度)	70.50	90	109.47	116.57	138.19
内切球直径	$\frac{a}{\sqrt{6}}$	a	$a\sqrt{2/3}$	$\frac{a\varphi^2}{\xi}$	$\frac{a\varphi^2}{\sqrt{3}}$
外接球直径	$a\sqrt{3/2}$	$a\sqrt{3}$	$a\sqrt{2}$	$a\sqrt{3}\,\varphi$	$a\xi\varphi$

续表

名称	四面体（Tetrahedron）	立方体（Cube）	八面体（Octahedron）	十二面体（Dodecahedron）	二十面体（Icosahedron）
内外球直径比	1∶3	$1:\sqrt{3}$	$1:\sqrt{3}$	$\frac{\varphi}{\sqrt{3}\,\xi}\approx 0.79463$	$\frac{\varphi}{\sqrt{3}\,\xi}\approx 0.79463$
表面积	$a^2\sqrt{3}$	$6a^2$	$2a^2\sqrt{3}$	$3a^2\sqrt{25+10\sqrt{5}}$	$\frac{a^2\sqrt{3}}{4}$
体积	$\frac{a^3}{3\sqrt{8}}\approx$ $0.117851a^3$	a^3	$a^3\frac{\sqrt{2}}{3}\approx$ $0.471404a^3$	$\frac{5a^3\varphi^3}{2\xi^2}\approx$ $0.957883a^3$	$\frac{5a^3\varphi^2}{6}\approx$ $0.272711a^3$

注：1. a为边长。

2. $\varphi=2\cos\frac{\pi}{5}=\frac{1+\sqrt{5}}{2}$，$\xi=2\sin\frac{\pi}{5}=\sqrt{\frac{5-\sqrt{5}}{2}}$，注意有关系式$\xi=\sqrt{3-\varphi}$。

3. 所有多面体均满足欧拉公式$V-E+F=2$。

六、开普勒在天文学方面的主要成就

开普勒在天体物理学、天文学、音乐、数学等方面都有研究和著述，其中最有名的当推《世界的和谐》，这里译出的是该书的第五卷。著名物理学家霍金在21世纪初选了天文学和物理学的五本经典著作，结集为《站在巨人的肩上》（*On the Shulders of Giants*）出版，包括哥白尼的《天体运行论》、伽利略的《关于托勒密和哥白尼两大世界体系的对话》、开普勒的《世界的和谐》第五卷、牛顿的《自然哲学之数学原理》和爱因斯坦的《相对性原理》。由此也可见《世界的和谐》在科学史上所占地位之重要。

在天文学方面，开普勒一生都在思考以下三大问题[6]：

1. 为什么只有六颗行星？

2. 为什么它们到太阳的距离是这样的？

3. 为什么它们在距离太阳较近的轨道上运动较快，而在较远的轨道上运动较慢？

前两个问题，最后被证明并无规律可循；而第三个问题，可以说是科学史上最重要的问题之一。正是在对这些问题的思考和研究中，开普勒第一个得出了天体运动有规律可循的结论，总结出著名的行星运动三大定律：

第一定律：行星轨道呈椭圆形，以太阳为一个焦点。

第二定律：从太阳到行星的半径向量在相等的时间内扫过相等的面积。

第三定律：公转周期的平方与椭圆长半轴的立方之比对于所有行星都是相同的。

尽管当时这是根据观测数据得到的经验定律，但它们推动了牛顿的进一步研究：把重力和惯性定律应用于天体，并发展出相应的数学工具从而予以证明。

还有十分重要的一点是，开普勒用“真太阳”代替了“平太阳”。在托勒密的地心说中，计算行星轨道的参考点，是太阳平均轨道的中心，称为“平太阳”。哥白尼的日心说虽然认为地球绕太阳转，但计算行星轨道的参考点，是地球轨道的中心，仍然是“平太阳”。

开普勒指出，行星在环绕太阳的椭圆轨道上运行，太阳在椭圆的一个焦点上，因此他得以用“真太阳”作为计算的参考点，简单且精确地计算出行星的轨道。因为“真太阳”概念的重要性，不少人称之为零定律。也有人建议，把它与行星运动三大定律合在一起称为“四定律”[9]。

开普勒的另一个重要贡献，是他打破了天上和月下（地球上）物理的分割，认为地球和诸行星在同样的力作用下运动。他设想它们都受到来自太阳的力，离太阳越近力就越大。这是科学史上对天体现象物理原因的第一次科学探索。

在《宇宙的奥秘》(1596)中，开普勒指出，哥白尼的学说能最好地解释行星的运行，而且最简单，因此，按照奥卡姆剃刀原理（若其他方面相同，选择最简方案）是当然的选项。在该书的最后一章中，他认为，太阳是行星运动之源，即太阳对行星有作用力。在《新天文学》(1609)中，他提出了行星运动第一定律和第二定律。在《世界的和谐》(1619)中，他提出了行星运动第三定律。开普勒的其他重要天文学著作，还有《论蛇夫座足部的新星》(1606)、《哥白尼天文学概要》(五卷)(1615—1621)及《鲁道夫星表》(1627)等。

七、本书翻译札记

《世界的和谐》(*Harmonic Mundi*)最初是用拉丁文写成的，于1619年出版。现代语言的译本，开始于19世纪末20世纪初。曾有多种德语和英语译本。最完整的开普勒全集(拉丁语和德语)，于1938年开始编辑出版。其中1—12卷为其科学著作，13—18卷为其书信，19—21卷为其手迹原稿，22卷为索引；《世界的和谐》是其中的第6卷。

目前常见的《世界的和谐》英译本有两种，一种收录于1952年出版的“西方世界名著”第16卷[1]中，它是瓦里斯(C. G. Wallis)于1939年的译本，只有第五卷，其中有音乐家卡特(E. Carter Jr.)写的关于乐理方面的注释；另一种由美国哲学会于1997年出版[2]，可在“谷歌读书”中找到全部五卷，其译者为邓肯(A. M. Duncan)、艾顿(E. J. Aiton)和菲而德(J. V. Field)，其中有较多数学方面的注释。本中译本主要根据瓦里斯的版本译出，但也参考了邓肯等人的译本，并且选择性地译出两个英译本中的一些注释。汉译者也添加了不少注释。

这本书需要下功夫研读，除了文字较晦涩和需要一些天文学知识以外，其中还有大量与音乐乐理相关的内容和术语，与当今使用的术语有一些差别。重译本书时，汉译者特别对常用的关键术语进行了探讨，使译文更加精准和易读，举例如下。

1. 本书用到的主要数学概念是正多面体，英译本中这个词为 regular solid figure，以前直译为“正立体形”。solid figure 的标准译名确实是“立体形”，它的内涵是任何立体形状。但“正立体形”并无明确的数学定义，故译者直接译为“正多面体”。另外,本书中常常用到简称figure或solid,相应地译为“多面体”或“立体”,其实在大多数情况下,它们指的就是正多面体。顺便指出,现代英语中“正多面体”一般写成convex regular polyhedron,有时也略去convex。英语中也常将之写为Platonic solids,中译名为柏拉图立体。

2. 在现代数学语言中,比(ratio)与比例(proportion)是定义明确的两个不同概念,在我国小学数学辅导书[3]中可以找到以下说明:

> 两个数的比表示两个数相除。比号前面的数叫作比的前项,比号后面的数叫作比的后项。比的前项除以比的后项得到的商,叫作比值。
>
> 表示两个比相等的式叫作比例。组成比例的四个数,叫作比例的项。两端的两项叫作比例的外项,中间的两项叫作比例的内项。

比例有一种常见的特殊情况是两个内项相等,叫作连比例,这个内项被称为比例中项。但在文献中,“比”与“比例”两个概念有时发生混淆。问题最早来自欧几里得的《几何原本》。欧几里得常常用“比”(ratio)这个词指比例,有时也有相反的情况。《几何原本》的英文版译者希思(T. L. Heath)对此有以下评论:

> 我们现在有一系列有关比和比例的变换。第一个是……alternately,它最好是用四项的“比例”来描述,而不是用一个“比”。但欧几里得在定义12—16中用“比”定义所有术语,也许是因为用“比例”来定义它们会显得应当对各种比例变换的合理性予以证明。

有关这个问题,也请参见北京大学出版社《几何原本》[5]的译后记。

不过,“行星轨道之间的匀称比例关系”和“来自平面正多边形的和谐比例”,其中的“比例”只是泛指相对尺寸,并无数学中“比例”的内涵。瓦里斯的英译本多半采用了“ratio一词,但在邓肯等人的英译本中多半采用了proportion一词。我们在译文中关注了“比”与“比例”的正确应用。

3. 拉丁文版原书大量出现harmonia(形容词harmonic),直接对应的英语单词是

harmony（形容词 harmonic），在瓦里斯的英译本中也译为 concord，它的基本意义是“和谐、协和”，当用于描述行星运动（行程）之比及其他相关比值时，译为“成和谐比”似乎更为合适。作为音乐术语则常译为“和声”和“协和音程“。我们知道，和声是同时发出的两个或多个音，在第七章中涉及多个行星对应的多个音时用到，虽然对应行星的所述运动很少同时发生。（另有和弦，至少包括三个音，但不一定同时发出，这里未用。）本书中最多提到的是成和谐比的两种运动对应的两个音之间的音程，这是“协和音程”，例如大家熟悉的八度和五度等。读者只需要记住，这其实就是指出现了1:2,2:3,3:4,3:5,4:5,5:6,5:8这七种全部由1,2,3,4,5,6,8这几个小整数构成的比就可以了，见前文表4。

对 harmony 究竟采用哪个译名有相当大的主观性，在很大程度上凭语感定夺，目标是准确通顺地向读者传递作者的原意。此外，对其实不是协和音程的两个音之间的小音程如第西斯（diesis），在瓦里斯的英译本[1]中也译为 concord，但在邓肯等人的英译本中写作 melodic inverval，我们据之译为“旋律音程”。

4. 在开普勒所写的比式中，前后两项的位置是不重要的。对他而言，2:3与3:2是一样的。但他计算比值时，总是把较大项除以较小项，因此比值永远大于1。例如5:8大于2:3。

导读(二)参考文献

[1] Ptolemy, Copernicus, Kepler. Great Books of the West World (Vol. 16). Translated by C. G. Wallis [M]. Chicago: Encyclopedia Britannica, Inc., 1952.

[2] J. Kepler. *The Harmony of the World*. Translated by A. M. Duncan, E. J. Aiton, J. V. Field [M]. Philadelphia: American Philosophical Society, 1997.

[3] 胡文杰. 小学数学知识大全[M]. 广州：广东人民出版社，2018.

[4] Euclid. *The Thirteen Books of The Elements*. Translated with introduction and commentary by Sir Thomas L. Heath. Second Edition Unabridged (Vol. Ⅰ, Vol. Ⅱ and Vol. Ⅲ)[M]. Cambridge: Cambridge University Press, 1926.

[5] 欧几里得. 几何原本[M]. 程晓亮,凌复华,车明刚,译. 凌复华,审校. 北京:北京大学出版社,2023.

[6] D. K. Love. *Kepler and the Universe. How One man Revolutionized Astronomy*[M]. Amherst, N.Y.: Prometheus Books, 2015.

[7] R. Miller. *Recentering the Universe, the Radical Theories of Copernicus, Kepler, Galileo, and Newton*[M]. Minneapolis: Twenty-First Century Books, 2014.

[8] Stantley Sadie. *The New Grove Dictionary of Music and Musicians* (29 volume set) [M]. Oxford: Oxford University Press, 2004.

[9] 王国强. 新天文学的起源——开普勒物理天文学研究[M]. 北京:中国科学技术出版社,2010.

[10] Timblake and Wallace. *Finding Our Place in the Sola System*[M]. Cambridge: Cambridge University Press, 2019.

[11] 温伯格. 给世界的答案[M]. 凌复华,彭婧珞,译. 北京:中信出版社,2016.

世界的和谐

论天体运动完美至极的和谐以及由此产生的偏心率、半径和周期。

根据目前最精准的天文学理论，它不仅源于哥白尼的假设，也源于第谷·布拉赫的假设，这两种假设目前都被公认为是最正确的，它们取代了托勒密的假设。

我正在做一段神圣的论述，一首献给上帝造物主的真正颂歌。我相信，虔诚不在于向祂献祭许多公牛，也不在于奉上无数香料和肉桂，而是首先在于领会祂那宏博的智慧、强大的能力，以及善良的本性，然后也传授给他人。因为我认为至善的标识是，用尽可能多的装饰来美化万物的愿望，却不嫉妒它的任何一个优点；我因此尊敬祂；我更把寻找使祂精美极致的一切，作为祂最佳智慧的体现；把执行祂的一切命令，作为祂不可抗拒威力的展示。

盖伦《论人体器官的用处》第三卷[①]

①引文出自 Galen, *De usu partium corporis humani*。见 Georg Helmreich 版（莱比锡，1907 年），vol. 1, p. 174。开普勒把这段文字由希腊语译为拉丁语。

开普勒1610年肖像画。

序　　言

· *Proem* ·

你看，骰子已经掷下，书已写成，至于这是供我的同时代人阅读还是供子孙后代阅读已经无关紧要。既然上帝本尊已经为祂的研究者准备好了，并且已达六千年之久，那就让这本书等待它的读者一百年吧！

——开普勒

Ioannis Keppleri

HARMONICES MVNDI

LIBRI V. QVORVM

Primus GEOMETRICVS, De Figurarum Regularium, quæ Proportiones Harmonicas constituunt, ortu & demonstrationibus.

Secundus ARCHITECTONICVS, seu ex GEOMETRIA FIGVRATA, De Figurarum Regularium Congruentia in plano vel solido:

Tertius propriè HARMONICVS, De Proportionum Harmonicarum ortu ex Figuris; deque Natura & Differentiis rerum ad cantum pertinentium, contra Veteres:

Quartus METAPHYSICVS, PSYCHOLOGICVS & ASTROLOGICVS, De Harmoniarum mentali Essentia earumque generibus in Mundo; præsertim de Harmonia radiorum, ex corporibus cœlestibus in Terram descendentibus, eiusque effectu in Natura seu Anima sublunari & Humana:

Quintus ASTRONOMICVS & METAPHYSICVS, De Harmoniis absolutissimis motuum cœlestium, ortuque Eccentricitatum ex proportionibus Harmonicis.

Appendix habet comparationem huius Operis cum Harmonices Cl. Ptolemæi libro III. cumque Roberti de Fluctibus, dicti Flud. Medici Oxoniensis speculationibus Harmonicis, operi de Macrocosmo & Microcosmo insertis.

Cum S. C. M^tis. Priuilegio ad annos XV.

Lincii Austriæ,

Sumptibus GODOFREDI TAMPACHII Bibl. Francof.
Excudebat IOANNES PLANCVS.

ANNO M. DC. XIX.

二十二年前，当我第一次找到天球之间的五个正多面体时，我就预言了这个发现。在我还没有看到托勒密的《和声学》之前，我已经下定决心要做出这个发现；在确认这个发现本身之前，我就向我的朋友们许诺把它作为第五卷的卷名。

在十六年前发表的一篇论文中，我坚称必须找到这个发现。为了这个目的，我把生命中最好的一部分奉献给天文学研究。

我拜访了第谷·布拉赫，选择了定居于布拉格。由于至尊至善的上帝启迪了我的思维和激发了我的强烈愿望，延长了我的生命，提高了我的才智，增强了我的力量，并由于两位皇帝和上奥地利省首脑慷慨大方地满足了我的其他需求，我得以足够充分地完成我以前的工作，最终把这个发现公之于众。这个发现超过了我最大的期望，因为本书第三卷中详细讲述的和谐特性，其全部内容连同所有细节，都可以在天体运行中找到。它的呈现模式并不按照我原来的设想，而是按照一种非常不同，但同时也非常出色和完美的模式，其实这是最令我高兴的。

在我重建天体运动学举步维艰之际，我有幸阅读了托勒密的《和声学》，这使我相关的愿望更加强烈，目标更加明确。《和声学》的这个抄本是由巴伐利亚州议长约翰·赫尔瓦特(John George Herward)先生寄送给我的，他是一位非常杰出的人士，以促进每一门学问(尤其是哲学)为己任。

出乎意料并使我极为惊喜的是，我发现《和声学》第三卷几乎都考虑了我设想的有关天体的和谐，要知道那是早在一千五百年以前！不过当时的天文学还很不成熟；因而托勒密的尝试不很成功，这可能使其他人失望，恰如西塞罗(Cicero)笔下的西庇阿(Scipio)，似乎只是叙述了一个愉悦的毕达哥拉斯梦，却并未对哲学有所助益。《和声学》这本书极大地鼓励了我去努力追求自己的目标，这一方面是由于古代天文学的粗浅，另一方面是由于时隔十五个世纪的两种观点在每个细节上

◀《世界的和谐》1619年第一版扉页。

的精确一致。

为什么要仔细研究？相隔那么多个世纪，两位阐释者向世人揭露事物的真实本质。[①]两个完全献身于研究大自然的人，对世界的构造有等同的观念，借用希伯来语中的说法：这是上帝的点化，因为他们谁也不是对方的向导。但是现在，自从十八个月以前的第一道曙光，三个月前的真正结果，以及几天前最精彩研究成就的耀眼光彩，没有什么能够阻止我砥砺前行，百折不回；[②]我极度兴奋地陶醉于萌发的狂热中，我兴高采烈地用以下坦率的告示嘲弄凡人，我承认我正在偷窃埃及人的金器，[③]以便在远离埃及国土处为我的上帝建造一个圣所。如果你原谅我，我会感到高兴；如果你生气了，我会隐忍。

你看，骰子已经掷下，书已写成，至于这是供我的同时代人阅读还是供子孙后代阅读已经无关紧要。既然上帝本尊已经为祂的研究者准备好了，并且已达六千年之久，那就让这本书等待它的读者一百年吧！

本书讨论的问题见目录。

在讨论这些问题之前，我希望读者铭记异教哲学家蒂迈欧(Timaeus)开始研究同样问题时的神圣告诫：基督徒应该以最大的崇敬来学习这段话，如果他不这样

①两位阐释者指托勒密和开普勒本人。尽管两人有原则性分歧，开普勒仍赞赏托勒密对天上和谐的追求。开普勒也强调了他自己的想法独立于托勒密的构思。

②这里，开普勒将他发现第三(和谐)定律的第一次尝试追溯到1616年底，当时他完成了1617年的星历表。1618年3月8日，他掌握了这条定律，但又认为这是一个计算错误而予以否定。其后不到三个月，在写这段文字的前几天，他于1618年5月15日发现了这条定律。

③开普勒这里提到的是以色列人偷窃埃及人金银器(《出埃及记》12，vv. 35-36)，以及他们逃离埃及之后用它们建造了一个圣所(又称为帐幕)(《出埃及记》25，vv. 1-8)的故事。

做，他应该感到羞愧。这一段话如下(译自希腊文)：[①]

> 确实，苏格拉底，每个稍微有一点头脑的人一旦开始做任何事情，无论是容易的还是困难的，总会求助于神；而对于我们这些打算讨论整个宇宙的人，这更是至关重要的，如果我们并未完全丧失判断能力，我们必须虔诚一致地向所有男女神明祈祷，所说的话语首先获得诸神首肯，其次也得到你自己的认可。

①柏拉图，《蒂迈欧篇》，27C。开普勒把这段文字从希腊语译为拉丁语。《蒂迈欧篇》是柏拉图的晚期著作，是关于柏拉图思想的重要文献。书中的蒂迈欧持毕达哥拉斯学派的观点，但历史上是否真有其人，目前说法不一。这一段话应该是蒂迈欧对苏格拉底所说。

本书提出了两个重要概念：作为事物物质来源的载体，以及为事物提供形式结构的原型。柏拉图运用几何化的原型来解释万事万物的结构，并认为事物的内在结构是事物的本质。在第一部分中，柏拉图讨论了造物主的作用；在第二部分中，他指出宇宙的生成是必然作用和理性作用的结果。必然作用即是载体概念和原型几何化的过程，而理性的承载者，即人类的生成，是理性“说服”了必然而产生的结果。因此，人类的出现意味着宇宙演化的最终实现，造物主在自己的创造物中实现了自身：宇宙本身就是活生生的神自身。该书目前至少有两种中译本。——译者注

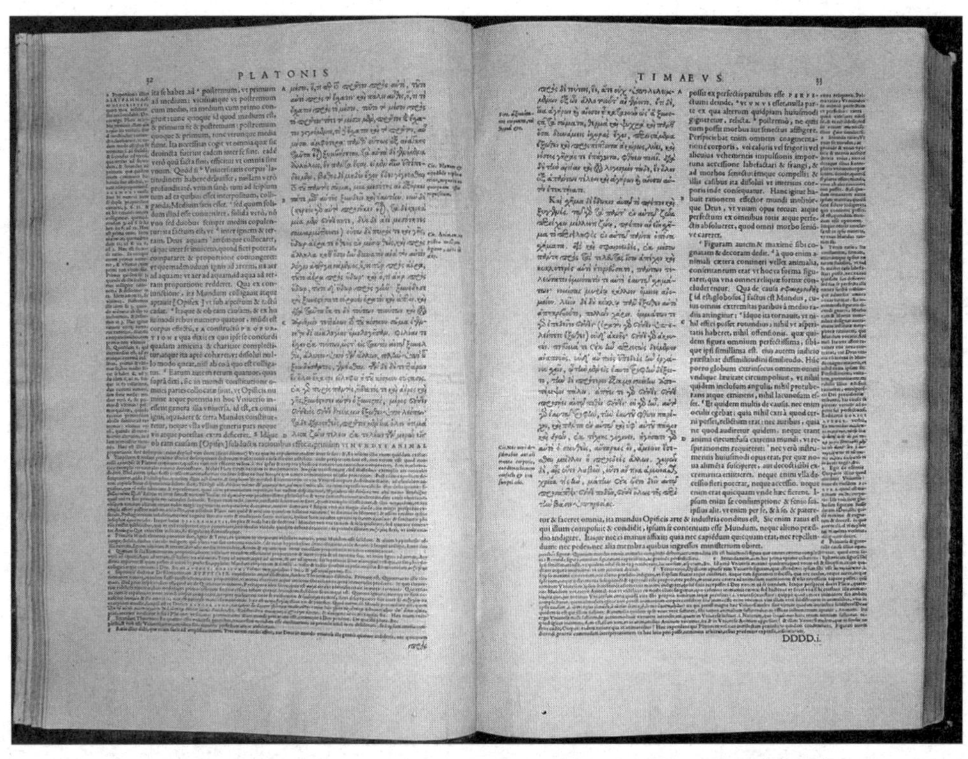

1578年出版的《柏拉图》第3卷第32—33页中一段蒂迈欧的文字，附有Jean de Serres的拉丁文翻译和注释。

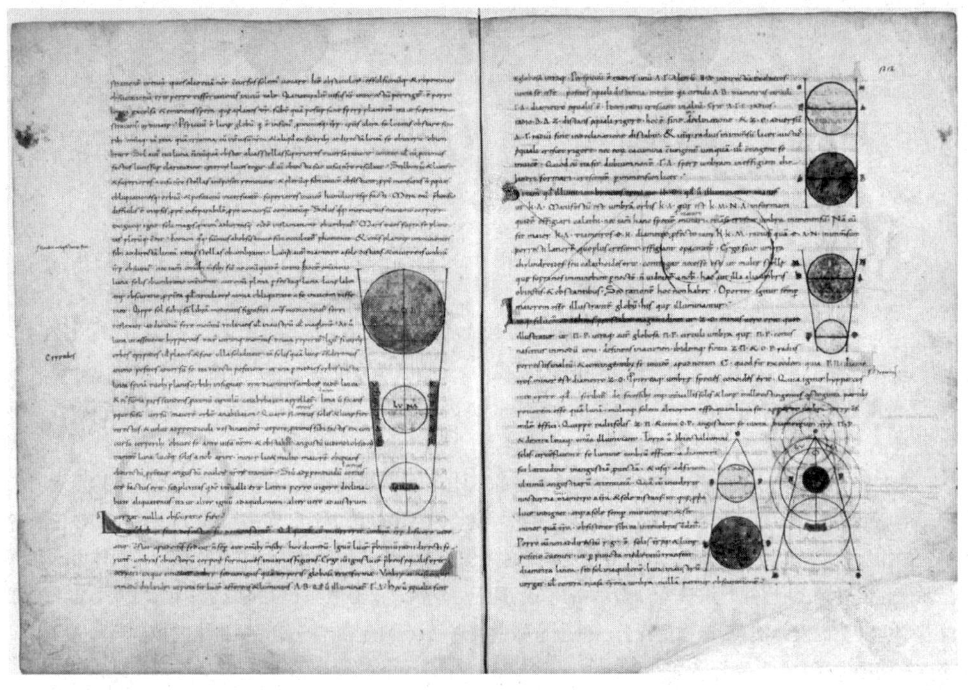

中世纪时期Calcidius翻译的《蒂迈欧篇》拉丁文手稿。

第一章
论五种正多面体

· Concerning the Five Regular Solid Figures ·

当开普勒开始向第三维跳跃的时候，最后的晴空霹雳震撼了他，完美的立体数字是5，正好是描述行星天体间的区间所需要的数字。这完美的立体，相当恰当地被称作毕达哥拉斯学派的立体和柏拉图的立体，这么叫是因为它们完美地左右对称，它们的各个面都是相同形状和大小的正多边形。这是几何的事实。

——杰米·詹姆斯(Jamie James)

ASTRONOMIA NOVA
ΑΙΤΙΟΛΟΓΗΤΟΣ,
SEV
PHYSICA COELESTIS,
tradita commentariis
DE MOTIBVS STELLÆ
MARTIS,
Ex obſervationibus G. V.
TYCHONIS BRAHE:

Juſſu & ſumptibus
RVDOLPHI II.
ROMANORVM
IMPERATORIS &c:

Plurium annorum pertinaci ſtudio
elaborata Pragæ,

A Sa. Ca. M.tis Sa. Mathematico
JOANNE KEPLERO,

Cum ejusdem Ca. M.tis privilegio ſpeciali
ANNO æræ Dionyſianæ CIƆ IƆC IX.

我们在第二卷里提到了如何把平面正多边形拼在一起构成各种立体形状的多面体。我们叙述了与五种正多面体及其他立体形相关的平面正多边形。说明了一共只有五种正多面体，它们为什么被柏拉图主义者称为世界的立体，以及每种多面体各因何种性质与何种元素相联系。现在，在本卷的开篇，我们必须就其本身而不是就其平面正多边形再次讨论这些多面体，但只涉及足够用于天体和谐的内容；读者可在第四卷《哥白尼天文学概要》的第一部分[①]中找到其余内容。

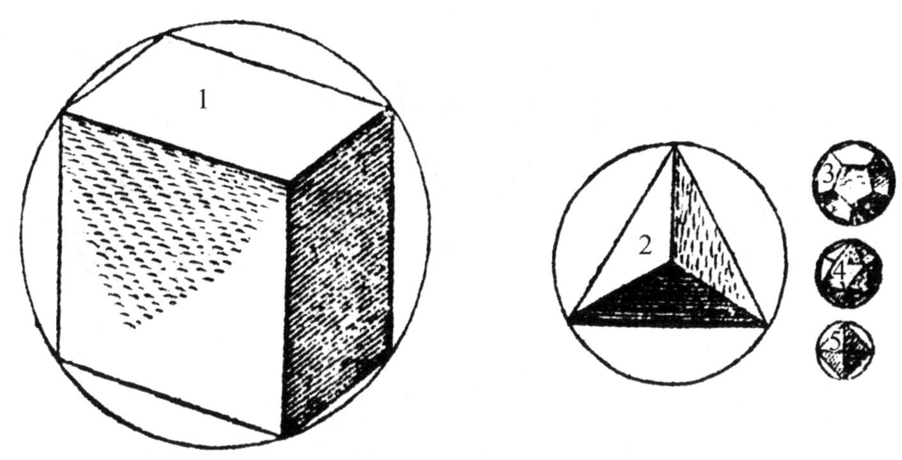

图1.1 五种正多面体

图中外接于顶点的圆表示一个球，但除了5，要把球看作稍大于这个圆。事实上，它们触及了多面体的所有角顶。尺寸按比例画出，使得5号球内切于4号球中的二十面体，4号球内切于3号球中的十二面体，3号球内切于2号球中的四面体，2号球内切于1号球中的立方体，位于立方体的中心并与它的所有六个面相切。

根据《宇宙的奥秘》，这里我简要地给出五种多面体在宇宙中的次序，其中三种是原生的，两种是次生的。*立方体*(1)是最外层和最大的，因为它是第一个原生多面体，也因为它本身的形式与整体相联系。接下来是*四面体*(2)，作为立方体剖分后得到的一部分；然而它本身也是原生的，像立方体一样有三线立体角。在四面体

◀ 开普勒于1609年出版的《新天文学》扉页。

---

① 原文误作第二部分。——译者注

内部是十二面体(3),这是最后一种原生多面体,类似于四面体,它当然也好像是由立方体的许多部分,也就是由许多不规则四面体,外加隐藏在中间的立方体组成。下一个是二十面体(4),由于它的相似性,它是次生多面体的最后一个,其立体角多于三条线。八面体(5)在最内层,类似于立方体,它是第一个次生多面体,也是第一个内层多面体,因为它可以被内切,正如立方体是第一个外层多面体,因为它可以被外接。

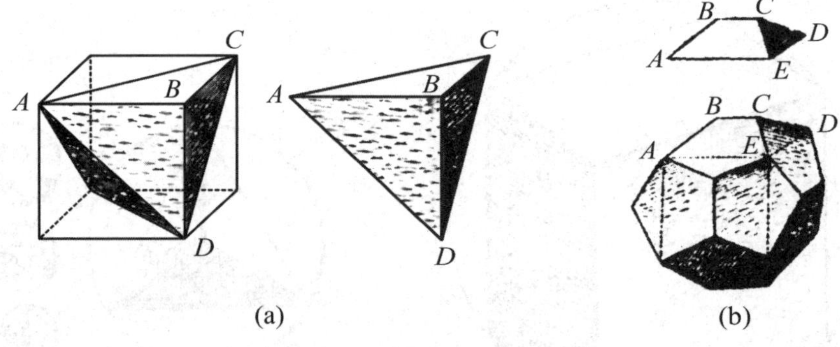

图1.2 四面体与十二面体

在图(a)中,四面体*ACDB*似乎隐藏在立方体中,四面体的任何一个面,例如*ACD*,都被立方体*ACDB*的一个顶点遮掩。在图(b)中,立方体*AED*似乎隐藏在十二面体中,使得立方体的任何一个面,例如*AED*,被十二面体的两个顶点,或者被有五个面的多面体*ABCDE*遮掩。*ABCDE*可以由两个平面*DCA*和*ABD*分为三个不同的四面体。这里你可以看出八面体内接于立方体,二十面体内接于十二面体,四面体内接于四面体。

在这些多面体中,来自不同类型的成员之间有值得注意的所谓婚姻:原生多面体中的立方体和十二面体为雄性,次生多面体中的八面体和二十面体为雌性。[①]此外还有一个单身或雌雄同体的四面体,因为它可以内接于自身,就像雌性多面体内接于,或者说隶属于雄性多面体那样,并具有与雄性标识相反的雌性标识,也就是与顶点相对的面。

① 多面体的这些性别标识首先由开普勒引入。显然,顶点是雄性标识,面是雌性标识。值得注意的是,雄性多面体的顶点比面多。另一方面,雌性多面体的面比顶点多,而对雌雄同体多面体二者相同。在每个组合中,雌性的顶点数与雄性的面数相同,因此,当雌性内接于雄性时,雌性多面体的顶点位于雄性多面体的表面上。

此外，正如四面体是一个元素，内脏，或者说如像雄性立方体的肋骨，从另一个角度看，雌性八面体是四面体的一个元素和一部分；[①]因此，四面体是这个婚姻的媒婆。

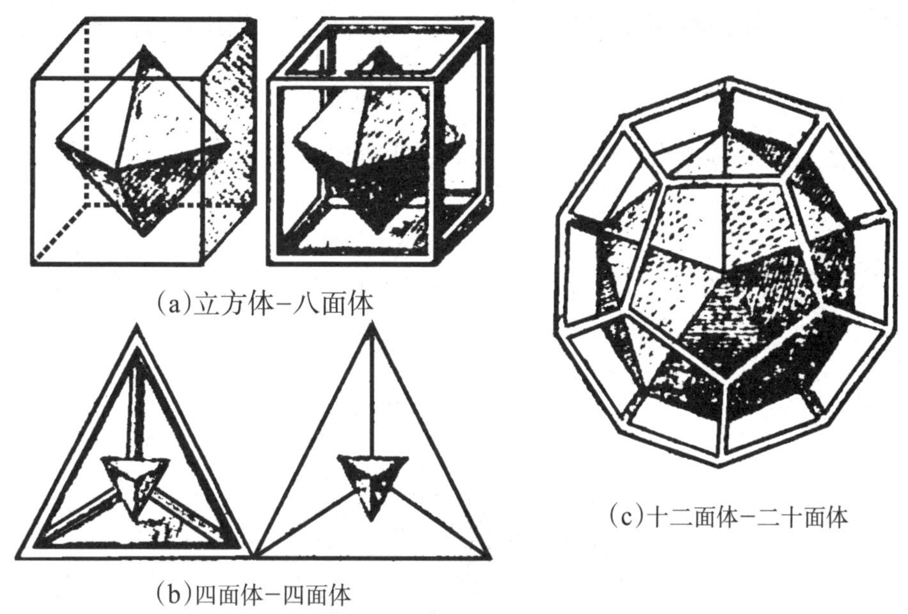

(a)立方体-八面体

(b)四面体-四面体

(c)十二面体-二十面体

图1.3 正多面体的组合

这些夫妻或家庭(组合)之间的主要区别在于：立方体组合中的比是有理的。因为四面体是立方体主体的三分之一，八面体是四面体的一半，又是立方体的六分之一；而十二面体组合中的比却是无理的(不可表达的，ineffabilis)，但它是神圣的(divine)。[②]

因为这两个词在一起使用，读者必须特别注意它们的含义。与神学和神圣事物中的意义不同，“不可表达”这个词在这里，本身并不表示任何崇高庄严，反而表

① 即四面体各边的中点成为八面体的顶点。

② 在立方体-八面体组合中，设立方体的边长为a，则八面体相对角顶连线长度也为a，容易算出它的体积为$\frac{1}{6}a^3$。而图中内接四面体的边长则为$\sqrt{2}a$，则它的体积为$\frac{1}{3}a^3$。在十二面体-二十面体组合中，由后者的外接球半径等于前者的内切球半径，可以求得二者边长之比，然后根据表10中的公式算出二者的体积之比是$\frac{3\xi^4}{\varphi^2} \approx 2.188493$，其中$\xi = \sqrt{\frac{5-\sqrt{5}}{2}}$，$\varphi = \frac{1+\sqrt{5}}{2}$。可能是因为其中出现了$\sqrt{5}$，开普勒称这个比值是神圣的。——译者注

示某种低下品性。在几何学里,正如本书第一卷所述,许多不可表达的数并不参与神圣比。但你必须读第一卷,以便了解什么是神圣比,或者更确切地说什么是神圣分割。因为在一般比例中有四项,在连比例中有三项;但神圣比中的各项除比值相等以外还有一个关系,即较小的两项加起来等于整体。①

因此,十二面体组合中失去的东西,通过无理比值又找回来了,因为无理性服务于神祇。

这个婚姻也派生出一颗立体星,它是通过把十二面体的各个面延展,直到每五个面相聚于一点而产生的。

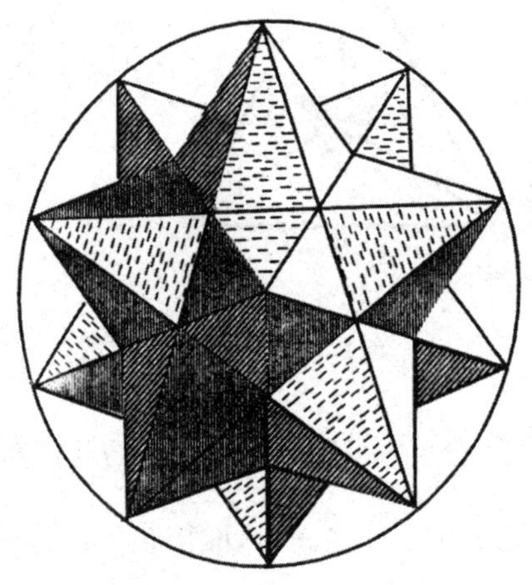

图1.4 立体星

最后,我们应该注意它们的外接球与内切球的半径比,这个比对四面体是有理的,100 000:33 333或3:1②,对立方体组合是无理的,但组合的内切球半径是平方可

① 这一段按原文译出,其意义扼要说明如下。神圣比即内外比或黄金分割比。一条线段被黄金分割是指分割所成较小线段(b)与较大线段(a)之比等于较大线段(a)与整个线段($a+b$)之比。这个比值是 $\frac{b}{a}=\frac{a}{a+b}=\frac{\sqrt{5}-1}{2}\approx 0.618$。以上这些对理解本卷内容已经足够,无须参考第一卷。——译者注

② 由表10可知,四面体的内切球与外接球直径比为1:3。另外,作者所说的一般比例是$a:b=c:d$,连比例是$a:b=b:c$,神圣比可以看作一个特定连比例$b:a=a:(a+b)$中的比值。——译者注

公度的，它等于外接球半径平方的三分之一的平方根，外内比是100 000∶57 735[①]；在十二面体组合中显然是无理的，约为100 000∶79 465[②]，对立体星为100 000∶52 573[③]，它是二十面体边长的一半或两条半径之间距离的一半。

---

① 显然对两个多面体的组合有，外多面体的内切圆半径等于内多面体的外接圆半径。计算见下表，头两行数据取自表10，但把直径改为半径以便与正文统一。为满足上述条件，把第二行各项乘以$\frac{1}{\sqrt{2}}$得到第三行，于是八面体的边长为$\frac{\sqrt{2}}{2}$。从而组合的内外比是$\frac{1}{2\sqrt{3}}:\frac{\sqrt{3}}{2}=\frac{1}{3}$，或外内比是100 000∶33 333。正文中所述，其实是立方体的本身的内外比$\frac{1}{2}:\frac{\sqrt{3}}{2}=\frac{1}{\sqrt{3}}$，或外内比是100 000∶57 735。

	边长a	内切球半径r_i	外接球半径r_o
立方体	1	$\frac{1}{2}$	$\frac{\sqrt{3}}{2}$
八面体	1	$\frac{1}{\sqrt{6}}$	$\frac{\sqrt{2}}{2}$
八面体$\left(上行\times\frac{1}{\sqrt{2}}\right)$	$\frac{1}{\sqrt{2}}$	$\frac{1}{2\sqrt{3}}$	$\frac{1}{2}$

——译者注

② 类似的计算见下表，头两行数据取自表10，第二行到第三行的变换因子是$\frac{\varphi^2}{2\xi}\div\frac{\xi\varphi}{2}=\frac{\varphi}{\xi^2}$，其中$\varphi=\frac{1+\sqrt{5}}{2}$，$\xi=\sqrt{\frac{5-\sqrt{5}}{2}}$，且显然有$\xi=\sqrt{3-\varphi}$。从而组合的内外比是$\frac{\varphi^3}{\xi^2 2\sqrt{3}}:\frac{\sqrt{3}\varphi}{2}=\frac{\varphi^2}{3\xi^2}=\frac{\varphi^2}{3(3-\varphi)}=0.63147$，或外内比是100 000∶63147。同上，正文中所述的十二面体本身的内外比见下表，它是$\frac{\varphi^3}{2\xi}:\frac{\sqrt{3}\varphi}{2}=\frac{\varphi}{\sqrt{3}\xi}=0.79463$，或外内比是100 000∶79463。

	边长a	内切球半径r_i	外接球半径r_o
十二面体	1	$\frac{\varphi^2}{2\xi}$	$\frac{\sqrt{3}\varphi}{2}$
二十面体	1	$\frac{\varphi^2}{2\sqrt{3}}$	$\frac{\xi\varphi}{2}$
二十面体$\left(上行\times\frac{\varphi}{\xi^2}\right)$	$\frac{\varphi}{\xi^2}$	$\frac{\varphi^3}{2\sqrt{3}\xi^2}$	$\frac{\varphi^2}{2\xi}$

——译者注

③ 对立体星，外接球与内切球的半径比为$\sqrt{5}:1$，所以开普勒的结果应该是100 000∶44 721。开普勒给出的比实际上是外接球半径与通过十二面体边中点所形成内核球的半径比。开普勒正确地计算出后一个球的半径是由立体星的点形成的二十面体（不是前面提到的十二面体中的二十面体）的边长的一半，换句话说，是立体星相邻点之间距离的一半，或者如他所说，是半径（即它们的端点之间）距离的一半。开普勒想说的比的精确值为$\frac{\sqrt{2\left(5+\sqrt{5}\right)}}{2}:1$。

2010年5月22日，哥白尼的遗骨在波兰弗龙堡大教堂重新下葬。
黑色的墓碑上雕刻着他的天文学理论模型。

第二章
论和谐比与五种正多面体之间的关系

· On the Kinship of the Harmonic Ratios with the Five Regular Solids ·

我永远无法用语言来描述我从自己的发现中获得的快乐。现在我再也不惋惜失去的时间，再也不厌倦工作，无论有多大困难，我也不回避计算。我日日夜夜不停地从事计算，直到看见用公式语言表达的句子与哥白尼的轨道完全吻合，直到我的欢乐被风吹走。

——开普勒

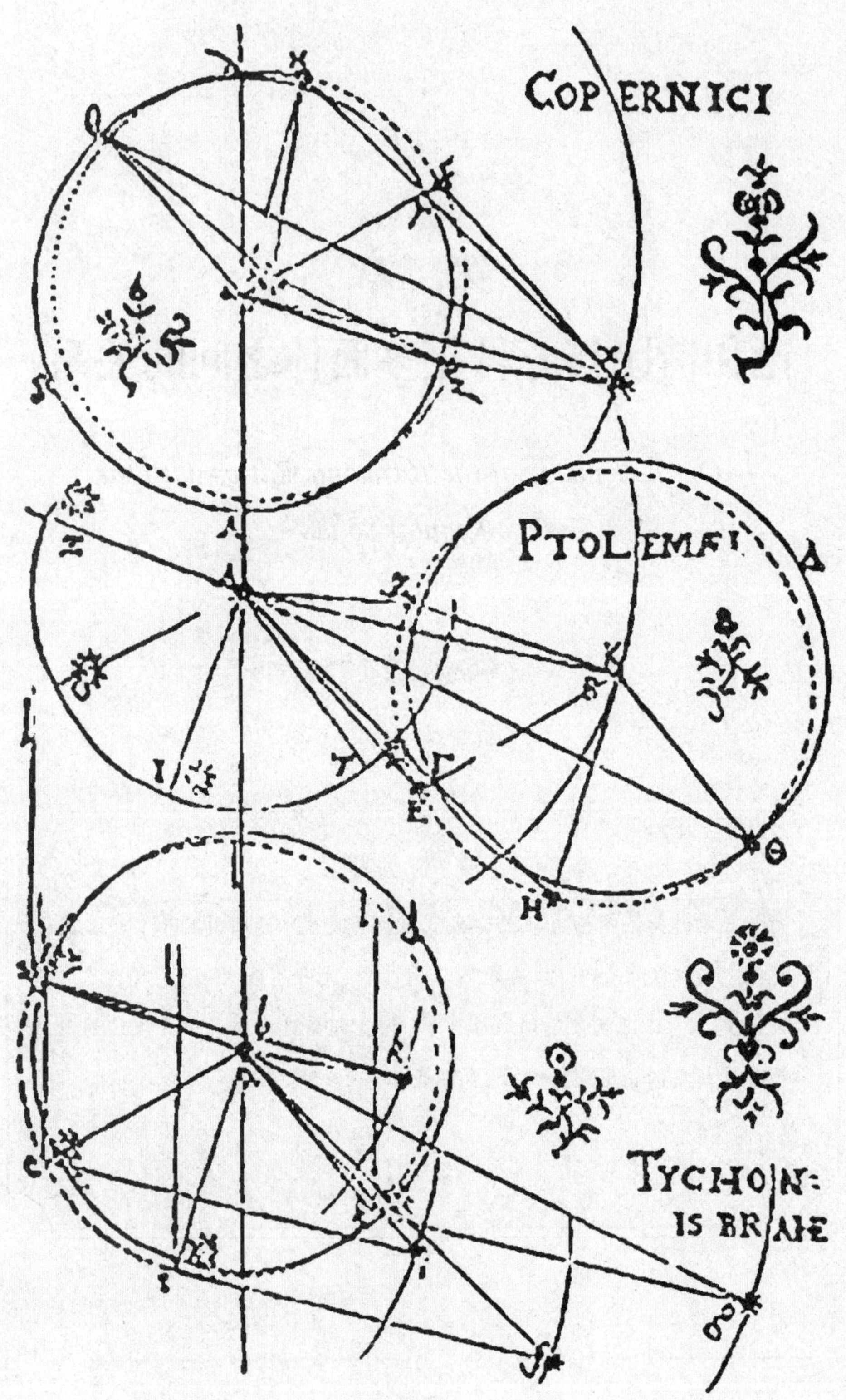
COPERNICI
PTOLEMAEI
TYCHONIS BRAHE

和谐比与五种正多面体之间的关系多种多样，但主要是四种亲缘关系类型。每种类型的特点分别是：(1)或者只来自多面体的外形；(2)或者来自边的实际构造中出现的也是和谐的性质；(3)或者来自已经构成的单个或组合多面体；(4)或者最后，等于或接近于与多面体相关的球的各个比值。

就第一种类型而言，若比的特征项即前项为3，则它与四面体、八面体和二十面体的三角形面有关；另一方面，若主项为4，则它与立方体的正方形面有关；若为5，则它与十二面体的五边形面有关。

这种与面的相关性也可以拓展到比的后项。一旦在连续加倍的比中出现3时，例如1:3，2:3，4:3和8:3等；就认为这个比与前面提到的具有三角形面的三个多面体有关。另一方面，当出现5时，那么相应的比肯定归属于十二面体的组合；例如2:5，4:5和8:5，与此相关还有，3:5，3:10[①]，6:5，12:5和24:5。如果相关性来自各项之和，那么有关系的可能性较小，例如在2:3的情况，两项加在一起为5，显得2:3好像与十二面体有亲缘关系，其实并非如此。

基于立体角外形的关系是类似的，原生多面体的立体角是三线的，八面体的立体角是四线的，二十面体的立体角是五线的。故若参与比的一项为3，这个比将与原生多面体有关；若为4，与八面体有关；最后若为5，则与二十面体有关。对雌性多面体，这种关系更加明显，因为其内部隐藏着在形式上与角有相同特征的图形：例如正方形在八面体中，五边形在二十面体中。[②]因此，3:5有两个理由与二十面体同类。

对第二种类型可以这样理解。首先，存在着数字之间的一些和谐比，它们与一

◀ 太阳系运动的三个模型示意图。上图是哥白尼模型：五大行星和地球绕太阳旋转；中图是托勒密模型：五大行星和太阳绕地球旋转；下图是第谷模型：五大行星绕太阳旋转，而太阳绕地球旋转。

① 10=5×2，即含有5的因子。——译者注

② 这意味着八面体的四线立体角和二十面体的五线立体角，分别与八面体中的正方形和二十面体中的五边形有相同的特点。

个组合或家族有亲缘关系,例如立方体家族中的一些完美比值。与此相反,有的比值除了用一长串逐步逼近它的数字,不能用其他形式表达;这个比如果是完美的,便称为"神圣的";它以不同方式在十二面体组合中占主导地位。以下各和谐比导向这个比:1:2,2:3,3:5和5:8。1:2最不完美,5:8最完美,更完美的是把5与8加在一起得到13,并取8为分子,当然和谐比并未到此终结。[①]

此外,为了构造多面体的边,必须分割球[②]的直径。八面体需要二等分,立方体和四面体需要三等分,十二面体组合需要五等分。因此,比值与表达它的数字一起分配到多面体中。但直径上的正方形也被分割,或者说多面体边上的正方形是由它的一定部分构成的。然后把边上的正方形与直径上的正方形相比较,确定了以下比值:对立方体为1:3,对四面体为2:3,对八面体为1:2。从而,如果把两个比放在一起,立方体和四面体给出1:2,立方体和八面体给出2:3,八面体和四面体给出3:4。十二面体组合中的边都是无理的。

对第三种类型而言,已经建立的多面体以不同方式呈现和谐比。把平面图形的边数与整个多面体的边数相比较,出现以下各个比:在立方体中为4:12或1:3,在四面体中为3:6或1:2,在八面体中为3:12或1:4,在十二面体中为5:30或1:6,而在二十面体中为3:30或1:10。或者把边数与面数相比较,立方体给出4:6或2:3,四面体给出3:4,八面体给出3:8,十二面体给出5:12,二十面体给出3:20。或者把一个面的边数和角顶数与立体角总数相比较:立方体给出4:8或1:2,四面体给出3:4,八面体给出3:6或1:2,十二面体和它的同伴给出5:20和3:12,即1:4。或者把面的总数与立体角总数相比较;立方体组合给出6:8或3:4,四面体给出等比,十二面体组合给出12:20或3:5;或者把边的总数与立体角总数相比较;立方体给出8:12或2:3,四面体给出4:6或2:3,八面体给出6:12或1:2,十二面体给出

① 开普勒提到的这些比由斐波那契数列的相继项构成。如果无限继续下去,这些比将接近于与毕达哥拉斯五角星相关的黄金分割比,即十二面体组合的神圣比。

② 即外接球。

20:30或2:3,二十面体给出12:30或2:5。

也可以比较多面体的体积。如果把四面体置于立方体中,八面体置于四面体和立方体中,那么如果它们在几何上内接,则四面体是立方体的三分之一,八面体是四面体的一半,也就是立方体的六分之一,故内接于一个球的八面体是外切于该球的立方体的六分之一。其余多面体的体积之比都是无理的。[①]

第四种类型对于当前的研究工作尤其适用,其中探索的是内切于多面体的球与外接于多面体的球之比(简称为“内外比”),而计算的是与之接近的和谐比。只有在四面体中,内外球直径比是有理的,即三分之一。在立方体中,这个比的平方是有理的,它是1:3的平方根。如果你对多面体中比值的相互之间的关系感兴趣,那么我可以告诉你,四面体内外球之比是立方体内外球之比的平方。但在十二面体中,这个比是无理的,略大于4:5。因此,立方体与八面体的内外球之比可以用以下和谐比来近似:较大的1:2和较小的3:5,而十二面体的内外球之比可以用以下和谐比来近似:较小的4:5和5:6及较大的3:4和5:8。[②]

但是,如果出于某种原因,1:2和1:3被错误地归于立方体,把立方体的球之比与四面体的球之比相比较,那么因为分配给立方体的和谐比是1:2和1:3,分配给四面体的和谐比就应该是1:4和1:9:因为它们分别是前面提到那些和谐比的平方。对于四面体,由于1:9不是和谐比,它将被最接近的和谐比1:8代替。如果对于十二面体组合[③]也应用这个比例关系,将得到和谐比大约为4:5和3:4。这是因

① 这一段原文叙述不太清晰,但结论是对的。如第一章图1.2放置在立方体中的四面体的边长是立方体边长的$\sqrt{2}$倍,由导读(二)表10,该四面体的体积是该立方体的三分之一。而图1.3中内接于立方体的八面体的边长是立方体边长的$\frac{\sqrt{2}}{2}$倍,也由导读(二)表10,该八面体的体积是该立方体的六分之一。——译者注

② 由表10,立方体和八面体的内外比都是$1:\sqrt{3}$,即0.5771,而1:2与3:5之比是5/6≈0.8333。但十二面体的内外比为0.7946,而3:4与4:5之比是15/16=0.9375及5:8与5:6之比是3/4=0.75。另外,开普勒计算比例时总是把较大项除以较小项,得到一个大于1的数值,所以他在这里会表述为“较大的1:2和较小的3:5”。——译者注

③ 应为十二面体。——译者注

为，如同立方体内外球之比约为十二面体内外球之比的立方，立方体的和谐比1∶2和1∶3也分别约为和谐比4∶5和3∶4的立方。[①]注意4∶5的立方是64∶125，而1∶2是64∶128。3∶4的立方是27∶64，而1∶3是27∶81。

①由导读（二）表10，四面体、八面体和十二面体的内外比分别是1∶3，1∶$\sqrt{3}$和0.7946，因此，立方体的内外比的平方等于四面体的内外比，八面体的内外比的立方（0.5018），接近于立方体的内外比（0.5773）。——译者注

第三章

研究天体和谐的天文学理论概要

· *Summary of Astronomical Doctrine Necessary for the Consideration of the Celestial Harmonies* ·

但事实上,以下结论是绝对肯定和精确的:任意两颗行星的周期之比正好是它们(到太阳)的平均距离之比(即真实天球之比)的二分之三次方。

——开普勒

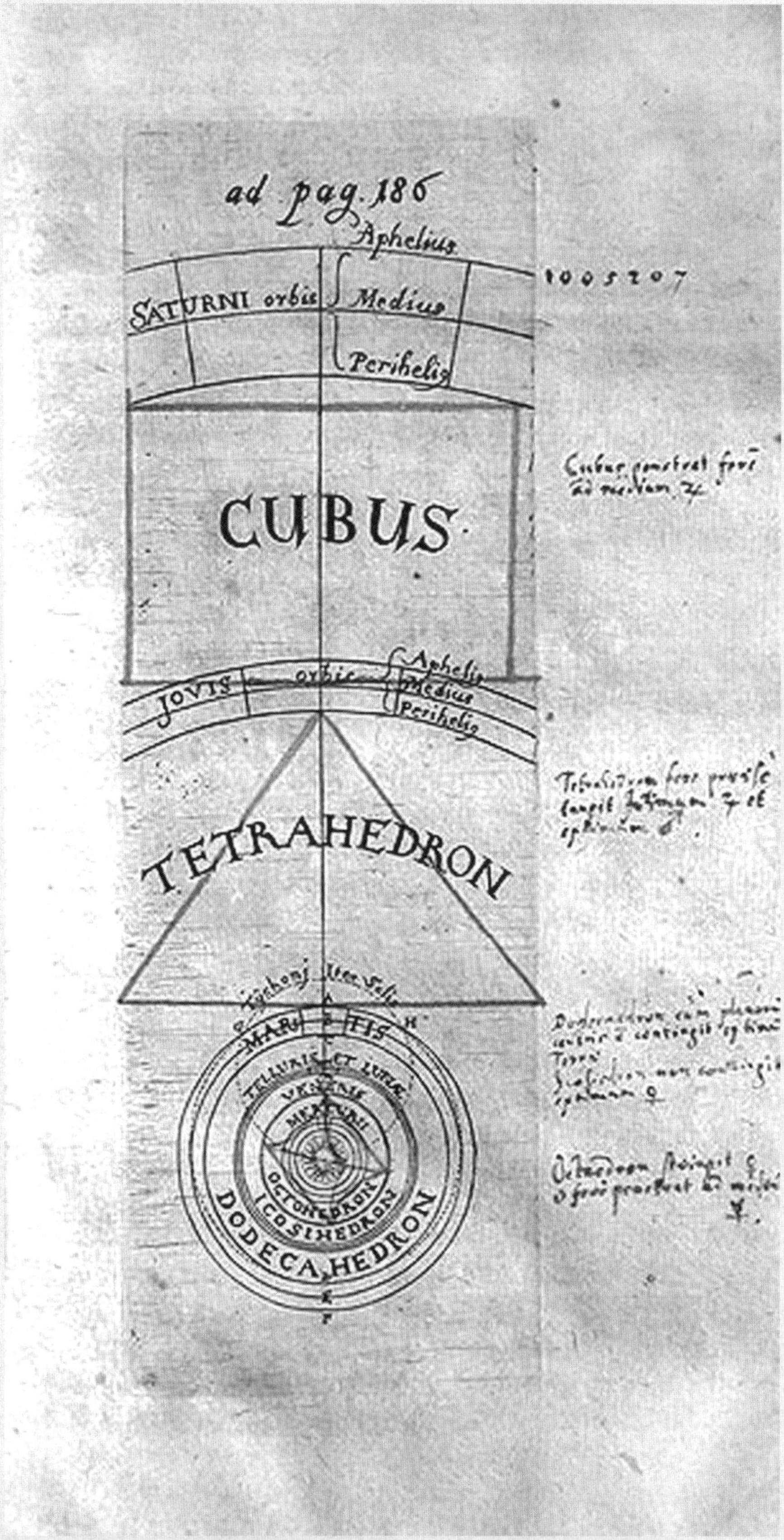

ad pag. 186

Aphelius

1005207

SATURNI orbis

Medius

Perihelis

CUBUS

JOVIS orbis

Aphelis

Medius

Perihelis

TETRAHEDRON

MARTIS

TELLURIS ET LUNAE

VENERIS

MERCURII

OCTOEDRON

ICOSIHEDRON

DODECAHEDRON

读者首先应该知道，托勒密的古代天文学的假设，如同在波依尔巴赫[①]的《理论》和其他作家所写概述中阐述的，已被完全排除在本讨论之外，并应该抛弃不用；因为它们既未真正表达天体在宇宙中的排列方式，也未说明天体运动的共性。

可以取而代之的，只有哥白尼关于宇宙的理论，我尽可能说服每个人相信这个理论。然而，对于学者群体来说，这个理论（地球是行星之一，像其他行星一样环绕着不动的太阳运行。）仍然是新的，甚至在许多人看来是十分荒谬的：因这种看法的新颖而感到震惊的那些人，应该知道有关和谐性的这些推测也可以在第谷·布拉赫的假设中找到，因为在天体的排列及它们运动组合的所有其他方面，他都与哥白尼一致。只是第谷把哥白尼的地球周年运动转移到整个行星系统及太阳，两位作者都同意太阳在中间。因为这种运动的转移终究要涉及地球，我们可以得出这样的结论：如果不是在恒星范围内的广阔无垠的空间中，至少在行星世界里，在任何给定时刻，无论按照第谷·布拉赫的说法，还是按照哥白尼的说法，地球都处于同一位置。事实上，就像在纸上画圆的人既可以移动他的圆规的一只脚，也可以把一张纸固定在带转轮的一块平板上，平板转动而他无须移动圆规带笔的脚就可以画圆。类似地，在这种情况下，对哥白尼而言，地球本身的真实运动，在火星的外圆与金星的内圆之间画出了一个圆；但是对于第谷·布拉赫，整个行星系统（其中包括火星和金星的圆）转动，就像转动轮子的人手中的笔，而这支笔位于火星和金星的圆之间的空白空间中。[②③]系统做这种运动的后果是，地球同样画出环绕太阳的一个圆，这

◀《世界的和谐》第一卷（几何卷）中的插图。

① 波依尔巴赫（Georg von Peurbach，1423—1461），奥地利天文学家、数学家和仪器制造商，以他在《新行星学》（*Theoricae Novae Planetarum*，有英译本）中对托勒密天文学的精简介绍而闻名。——译者注

② 这个类比并不精确，因为在轮子旋转的情况下，地球和太阳都将处于静止状态，而事实上应该允许太阳围绕地球转动。

③ 其实可以这样理解：设太阳不动，则地球例如依次取左、下、右、上四个位置绕太阳一周；反之若设地球不动，则由相对运动可以认为太阳依次取右、上、左、下四个位置绕地球一周。因此，无论地球和太阳哪个在运动，它们的相对位置保持不变。——译者注

个圆介于火星与金星之间，但地球本身保持不动，而按照哥白尼所说，地球本身做真实运动而系统静止。因此，因为在有关和谐的研究中，考虑的是从太阳上看到的行星的偏心运动，很容易理解，尽管地球是静止的(已经对第谷·布拉赫做出了让步)，但如果观测者在太阳上，即使太阳是运动的，他还是看到地球在两颗行星之间的周年圆上运动，其周期也介乎二者的周期之间。因而，尽管有人因信心不足而无法接受地球在星空中运动的事实，他还是能够在这个绝对神圣机制的最出色研究中找到乐趣，只要他把被告知的地球的偏心周日运动，应用于从太阳上观测到的运动状态(与第谷·布拉赫所描述的地球静止时的状态相同)就可以了。

然而，真正热爱萨莫斯哲学[①]的人没有理由因为与这些人分享这种最愉快的思维而心生妒忌，因为如果他们也接受太阳不动，进而接受地球运动的概念，他们从这种完美的思维中得到的快乐将要多得多。

第一，读者应将以下事实视为如今已为所有天文学家绝对公认的：所有行星都环绕太阳运行，但以地球为中心运行的月球例外，月球的轨道或行程不够大，不能以正确的比例与其余部分一起画在下面的图中。于是，地球作为第六颗行星加入到其他五颗之中，它运行在环绕太阳的第六个圆上，或者通过太阳静止时它自身的运动，或者通过它自身不动时整个行星系统的旋转。

第二，也确认了所有行星轨道都是偏心的，即它们到太阳的距离是变化的，这使得它们的轨道在一个方向离太阳最远，而在相反的方向离太阳最近。图3.1中对每颗行星画出了三个圆，其中没有哪一个表示行星的真实偏心路径，但中间的一个，例如对火星的*BE*，其直径等价于偏心轨道的较大直径，而实际轨道，例如*AD*，在一侧触及三个圆中上面的一个，即触及*AF*于*A*，以及在相反侧触及下面一个圆*CD*的*D*。以太阳为中心的虚线圆*GH*表示第谷·布拉赫所述的太阳路径。如果太阳在这条路径上运动，那么这里画出的整个行星系统中所有的点，都各自在一条等

①也就是萨莫斯的阿里斯塔丘斯(Aristarchus)的人类中心主义，哥白尼假设的第一个陈述就是针对他的。

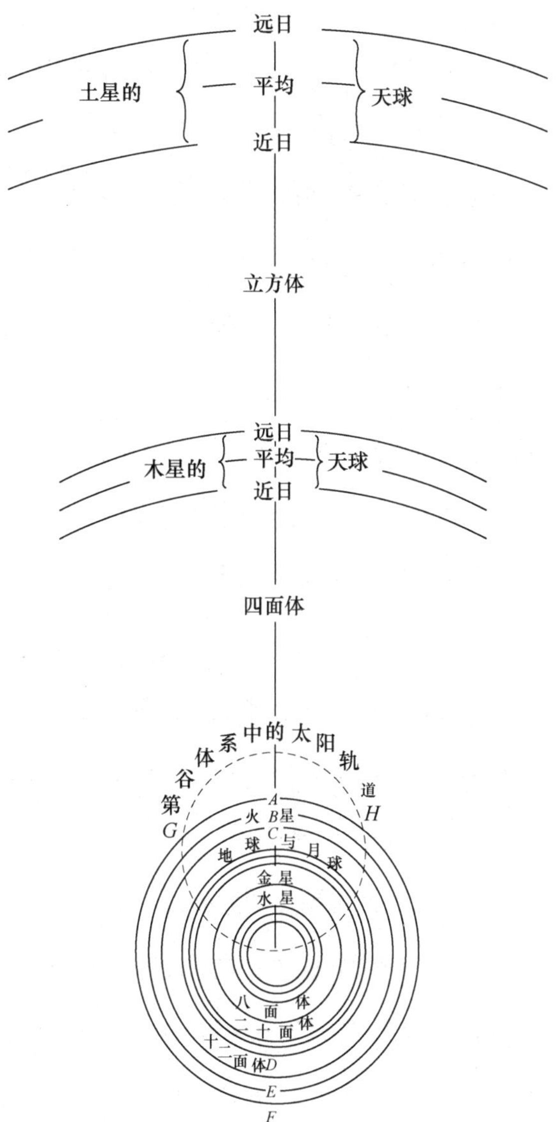
远日
土星的
平均
天球
近日
立方体
远日
木星的
平均
天球
近日
四面体
第谷体系中的太阳轨道
A
火 B 星
G
H
C
地 球 与 月 球
金 星
水 星
八 面 体
二 十 面 体
十二面 体D
E
F

图3.1 行星轨道示意图

价的路径上运行。而如果其上一点(日心)停止于它的圆上的某处,如同这里在其最低点,那么这个系统的每一个点肯定也都将停止,每个都在它的圆的最下部。此外,因为纸面太小,只好把金星的三个圆画成一个。

第三,读者应该回忆起我在二十二年前发表的《宇宙的奥秘》中所述,行星或环绕太阳路径的数目,是万分睿智的造物主从五个正多面体中取得的。欧几里得在数百年前对这些多面体进行了研究,将研究结果写在他的书《几何原本》中,这本书是由许多命题组成的。在本书第二卷中已经清楚说明,不可能有更多正多面体,即正多边形构成正多面体的方式不可能多于五种。

第四,就一对相邻行星的轨道之比[①]而言,在每种情况下,这个比都接近于多面体之一的内外球的特定比,即多面体的外接球与其内切球的半径比。然而,这只是接近而不是精确相等,正如我曾经大胆地对最终完美的天文学所保证的那样。因为用第谷·布拉赫的观测结果对距离做了最终检验以后,我发现了以下事实:如果把立方体的顶点匹配于土星的内圆[②],那么立方体各个面的中心几乎触及木星的中圆,而如果四面体的顶点在木星的内圆上,那么四面体诸面的中心几乎触及火星的外圆。同样,如果八面体的顶点在金星的任何一个圆(因为三个圆被压缩为一个非常窄的圆环)上,则其诸面的中心深入到水星的外圆以内,但还未达到水星的中圆。最后,与彼此相等的十二面体和二十面体的内外球之比[③]最接近的,是火星与地球的诸圆之比即距离[④]之比,以及地球与金星的诸圆之比,即距离之比,如果我们计算火星内圆与地球中圆之间的距离,以及地球中圆与金星中圆间的距离,则它们几乎彼此相等。因为地球的平均距离是火星的最小圆与金星的中圆之间的比例中项。

① 指轨道的某个特征长度(例如椭圆的长轴)之比,下同。——译者注

② 这里的圆其实指该圆绕直径旋转得到的所谓天球,下文涉及多面体与圆匹配的情形均如此。因为轨道是椭圆形的,书中常常提到远日天球、近日天球和平均天球,分别通过远日点、近日点和平均距离处。——译者注

③ 由导读(二)中的表10,这个比等于$\frac{\sqrt{3}\,\xi}{\varphi}=1.2584$。——译者注

④ 这里指的是"圆的直径(或半径)之比",即"到太阳的距离之比",下同。——译者注

然而,行星诸圆之间的这两个比仍然大于属于这些天球的多面体的两对圆之间的比值,使得既有十二面体诸面的中心不接触地球的外圆,也有二十面体诸面的中心不接触金星的外圆。即使把月球轨道的半径分别加在地球的最大距离上,并在最小距离中减去它,也不能填补这个差额。不过,我发现了有另一种比例的多面体,即我称为海胆(或刺猬)[①]的由十二个五角星构成的增广十二面体,它非常接近于五种正多面体。如果把它的十二个顶点置于火星的内圆,那么分别作为射线或点的基底的五边形诸边,将切触金星的中间圆。[②]简而言之,互为配偶的立方体和八面体略微穿透了它们的行星天球,互为配偶的十二面体和二十面体完全没有,而四面体恰好切触二者。就行星的距离而言,在第一种情况下有亏缺,在第二种情况下有盈余,而在最后一种情况下正好相等。

由这个事实可以清楚地看出,行星到太阳距离的真实比值并非仅仅取自正多面体;对于造物主,几何学的真正热爱者,如柏拉图所言[③]:“永恒几何学的实践,并不偏离其原型[④]”。而这肯定可以从以下事实推断出来:所有行星在一定时间段里改变它们的位置,使得它们每一个到太阳都有两种不同的距离,最大的和最小的;并且,两对行星到太阳的距离之间的关系有四种可能性,或者都就它们的最大距离,或者都就它们的最小距离,或者就它们彼此相距最远时的相对距离,或者就它们彼此相距最近时的相对距离。因此,一对相邻行星与另一对相邻行星之间的这种比较有二十种[⑤],但另一方面,总共只有五种多面体。然而,这是合乎情理的,如

① 即第二章里所说的立体星。——译者注

② 海胆填补了火星与金星之间的间隙。这个派生多面体因此对行星距离及十二面体与二十面体的插入之间的差异提供了一种解释,虽然天体和谐的要求使得调整这些多面体插入所指示的距离成为必须的,几何原型仍然包括了一个元素,由之可以先验地推导出所要求的偏差。

③ 这段话并非真正出自柏拉图。

④ 原型(archtype)指最初的模型。本书经常提到世界的原型,这在开普勒看来就是上帝的计划,它是一个“三位一体”的球,太阳在中心,恒星在球的外表面,行星在其间;而上帝的形象也是一个球,圣父在中心,圣子在球的外表面,行星在其间。——译者注

⑤ 六颗行星可以构成五个相邻行星对,每对都有四种不同距离,因此有二十种可能的选择。——译者注

果造物主一般地关注轨道的比。祂也会关注各条轨道的变动距离之间的比，而这种关注在两种情况下是相同的，二者相互联系。经过仔细考虑，我们将会理解，为了建立轨道的直径与偏心率之间的关系，除了五种正多面体，还需要更基本的原则。

第五，为了研究相互之间已经建立和谐比的运动，我再次提醒读者，根据第谷·布拉赫完全可靠的观测，我在《火星评注》中指出，在同一条偏心轨道上，行星经过相等周日弧的速度并不相同：

1. 但是，在偏心轨道相等部分上耗时的差异，与行星本身到太阳这个运动之源的距离成比例①。
2. 反之，如果假定时间相等，例如在每种情况下都是一个自然日，那么，与这段时间对应的同一条偏心轨道上的真周日弧②与它们到太阳的距离成反比。
3. 然而与此同时，我也证明了行星的轨道是椭圆形的。
4. 作为运动之源的太阳，位于椭圆的一个焦点上。
5. 因此，当行星自远日点算起完成了它的整圈的四分之一时，它正好位于它到太阳的平均距离处，即它的远日点最大距离与近日点最小距离的均值处。
6. 由这两条原理可知，当行星处于从远日点算起偏心轨道的四分之一处时，行星在其偏心轨道上的平均运动③，与行星在其偏心轨道上该处的真周日弧相同，尽管这个真实四分之一看起来小于真实的四分之一。
7. 此外又有，若偏心轨道的任意两段真周日弧之一到远日点和另一段到近日

①开普勒在这里指基于他对行星运动的物理解释的距离定律，根据这一定律，行星在其轨道上的速度反比于它到太阳的距离。

② 这里的真周日弧指行星一天中经过的弧段当以太阳为中心(真太阳)时的弧度值。——译者注

③ 这里的“运动”指弧段的度数，后文经常这样使用，敬请读者注意。——译者注

点的距离相等，那么二者之和便等于平均周日弧的两倍[①]。

8. 因此，由于圆周之比与其直径之比相同，一段平均周日弧与所有平均周日弧（它们彼此相等且构成整个回路）总和之比，就如同一段平均周日弧与偏心轨道的所有真周日弧总和之比，真周日弧彼此之间不相等，但其总数与平均周日弧的总数相同。我们还需要关于偏心轨道真周日弧和真实运动的知识，以便理解在太阳上观测到的视运动。

第六，就在太阳上看到的视弧而言，甚至在古代天文学时代人们就已经知道，即使对那些彼此相等的真运动：

1. 对于在世界中心的观测者，离中心较远的那个运动（例如远日运动）显得较小，而较近的那个运动（例如近日运动）显得较大。因此，真周日弧也是当靠近太阳时较大，因为运动得较快，当在远日点时较小，因为运动得较慢。

2. 因而我在《火星评论》中说明了，在给定偏心轨道上的视周日弧相当精确地与它到太阳距离的平方成反比[②]。因此，如果一颗行星某一天在它的远日点，到太阳的距离是十个单位，而另一天在近日点，距离是九个这样的单位，那么就可以肯定，从太阳上看，它在远日点的视运动与它在近日点的视运动之比为81∶100。

3. 然而，上述各点仅在以下条件下成立；首先，偏心弧不大，故距离变化也不大，也就是说，弧的两端与拱点相距不远。

---

① 这只是大致正确，不过偏心率较小时，误差不显著。根据距离定律，两段弧 s_1 与 s_2（对应于距离 r_1 与 r_2）之和是 $\frac{2r^2s}{r_1r_2}$，其中 s 和 r 分别是平均弧长和距离。若取 r 为 r_1 和 r_2 的几何平均值而不是它们的算术平均值，则两段弧长之和为 $2s$。

② 设在远日点处和平均距离处的周日运动是 M_a 和 M。如果 S_a 和 S 是对应的真周日弧，R_a 和 R 是对应的到太阳的距离，那么 $\frac{S_a}{S}=\left(\frac{M_a}{M}\right)\left(\frac{R_a}{R}\right)$。由于太阳力的减弱，$\frac{S_a}{S}=\frac{R_a}{R}$。从而 $\frac{M_a}{M}=\frac{R^2}{R_a^2}$，类似地，$\frac{M}{M_p}=\frac{R_p^2}{R^2}$，其中 M_p 和 R_p 分别是在近日点的周日运动和到太阳的距离。结合这两个结果得到 $\frac{M_a}{M_p}=\frac{R_p^2}{R_a^2}$。

4. 其次，偏心率不是很大，因为偏心率越大，弧就越大，它对向的角度的变化也越大，超出了欧几里得《光学》定理8确定的它与太阳接近程度的界限。

5. 然而，这对小弧度和大距离并不重要，如同我在我的《光学》第九章中所评论的那样。但我还有另外一个理由。

6. 靠近偏心轨道平近点角①处的弧，从太阳上看来颇为倾斜，这种倾斜性减小了视尺寸。

7. 与之相反，拱点附近的弧在太阳上的观测者看来是正常的。因此，当偏心率很大时，如果我们对平均距离应用未经减少的平均周日运动，好像在平均距离处看起来就是它的真实大小，那么运动的比会受到可察觉的破坏，正如下面在水星的情况显而易见的那样。所有这些在《哥白尼天文学概要》第五卷中都有较详细描述。然而这里必须重复，因为它涉及需要就其自身单独考虑的天上的和谐的实际条件。

第七，如果有人认为周日运动不应该在太阳上观测，而应该在地球上观测（《哥白尼天文学概要》第六卷中对此已经讨论过），那么他应该知道，这种可能性完全未曾考虑过，而且绝对不应该做任何考虑。由于地球不是运动之源，而且也不可能是，因为当在地球上观测时，在外观上，那些运动不仅虚假地退化为单纯的静止或视停留，而且成为明显的逆行倒退。这样一来，所有无穷个比都可以同时且平等地归属于所有行星。因此，为了确定哪一个比是被偏心轨道上的真周日运动（虽然对于在运动之源的太阳上的观测者，这些运动本身仍然是视运动）确立的它们自己的比，这种对所有五颗行星共有的后退周年运动的假象，必须从那些固有运动中去除，无论如哥白尼所说它是来自地球本身的运动，还是如第谷·布拉赫所说它是来自整个系统的周年运动；必须关注每颗行星的固有运动，去掉非本质

① 关于平近点角，见导读（二）中的说明。——译者注

的东西。[①]

第八，到现在为止，我们已经讨论了同一颗行星的不同耗时或弧段。现在我们还必须把一对行星的运动进行比较。这里请注意我们将用到的术语的定义。

1. 我们将称上方行星的近日点[②]和下方行星的远日点为两颗行星的最接近拱点，尽管它们事实上并不在世界的同一侧，而在不同侧，也许在相反的两侧。

2. 称行星环行的整个路径中最慢和最快的运动为*极端运动*。

3. 称两颗行星在最接近的两个拱点(即上方行星的近日点和下方行星的远日点)处的运动为*相向或会聚运动*。

4. 称两颗行星在最远离的两个拱点(即上方行星的远日点和下方行星的近日点)处的运动为*相背或发散运动*；再者，《宇宙的奥秘》中的相关部分二十二年前因为对这一点尚不十分明了而搁置，需要完成并在这里叙述。因为通过第谷·布拉赫的观测找到了球体中的真实距离，经过很长时间的不懈努力，我最后终于找到了周期之真实比与球体之比二者之间的关系，那真是：

身无长物技平庸，孜孜以求终回眸。

---

①开普勒在这里重申了他的观点，即要在行星的真运动中，也就是在太阳上看到的那些运动中，寻求天体的和谐。第谷系统中的和谐是有可能识别的，因为它与哥白尼系统的不同之处只在于增加了一个虚假的周年运动，而这是容易分离的。天体的和谐是只有在太阳上才能感知的事实，基于开普勒的观点，似乎它们是心灵的，而不是感觉的对象。但地球上的灵魂可以感知星象并受其影响(和谐在自然界中的表现)，似乎只有聪明的头脑才能理解和识别天体的和谐，并把它揭示出来。正如开普勒在本卷的序言中所说，为了这一切的发生上帝已经等待了六千年。在第四卷里，他考虑了识别天体和谐的一种想法，这种和谐随着来自太阳的光线传播，但他没有作具体说明。

② 这一段有许多常用的天文学名词，集中说明一下。下方行星(lower planet)指更靠近太阳的行星，上方行星(upper planet)指更远离太阳的行星。拱点(apsides)指近日点(pelihelion)和远日点(aphelion)。极端运动(extreme movement)指行星的最快(近日点)运动和最慢(远日点)运动。极端运动之间可以有相向的(converging，approaching)和相背的(diverging ，receding)运动，如文中所述。当然这种运动(一颗行星在远地点的同时，另一颗正好在近地点)在现实中是极少发生的，开普勒只是用它们来说明行星运动的和谐性。另一方面，相向(或会聚)和相背(或发散)在这里只是用来区分两种运动，其日常意义下的内涵并不重要。无论是相向还是相背运动，两颗行星之间距离的变化都没有明确的取向，而且这与行星的公转方向无关。顺便指出，除了金星(以及当时还未发现的天王星)是逆时针方向公转的，所有其他行星都是顺时针方向公转的。——译者注

似水年华随它去,不期而至笑苍穹。①

如果你想要知道精确的时间表,那么我在今年,1618年3月8日首次想到,但不幸计算方法出错,因此予以否定,终于在5月15日回归并采取新的攻略,扫除了我思想中的阴霾。我十七年来在第谷·布拉赫的观测数据上花费的心血与我当前研究默契的配合给了我强有力的支持。起初我相信我是在做梦,并以为我的结论其实隐含在我的基本前提中。但事实上,以下结论是绝对肯定和精确的:任意两颗行星的周期之比正好是它们(到太阳)的平均距离之比(即真实天球之比)的二分之三次方。②然而要记得,椭圆轨道两根轴的算术平均值略小于长轴。例如,地球的周期是一年,而土星的周期是三十年,因此,如果取二者之比的立方根再平方,得到的数字就精确地是地球和土星到太阳平均距离之比。1的立方根是1,其平方也是1,而30的立方根略大于3,因此其平方略大于9。而土星到太阳平均距离略大于地球到太阳平均距离的9倍。第九章里推导偏心率时必须应用这条定理。

第九,如果你想用同一把码尺测量每颗行星穿行太空的实际完全真周日行程,

① 原文为only at long last did she look back at him as he lay motionless, But she looked back and after a long time she came,并称它出自维吉尔(Virgil)的《牧歌》,第一首, 27 和 29,但译者未能在《牧歌》里找到这段文字。不过这段文字确实很好描述了开普勒当时的心情,正如王国维所说做学问境界的最高层(第三层),"众里寻他千百度,蓦然回首,那人却在灯火阑珊处"。——译者注

② 在《宇宙的奥秘》中,开普勒从物理上考虑建立的周期与平均距离之间的一个关系式为$\frac{(T_2-T_1)}{T_1}=\frac{2(r_2-r_1)}{r_1}$,其中$T_1$,$T_2$表示周期,$r_1$,$r_2$表示平均距离且$r_2$大于$r_1$。《新天文学》(第39章)中修改为$T_1:T_2=r_1^2:r_2^2$。如他所述,他在1618年5月15日发现了正确的定律$T_1^2:T_2^2=r_1^3:r_2^3$。该定律的一个先验(物理)解释最早在1621年出版的《哥白尼天文学概要》中给出。他在那里阐述了周期取决于四个因素。其中,轨道路径的长度(正比于平均距离r)和太阳力的强度(反比于r),会自行结合而给出《新天文学》中描述的关系。另外两个因素之一是行星的质量,基于原型,他认为质量与$\sqrt{r}$成正比;另一个因素是体积(测量行星吸收太阳力的能力),基于观测证据他取体积与r成正比。为了与亚里士多德动力学一致,其中速度与力成正比,同时与阻力(由质量表示)成反比。四个因素结合起来给出第三定律(或称为和谐定律)。

那就必须复合两个比，一个是偏心轨道的各个真周日弧（不是视周日弧[①]）之比，另一个是从太阳到每颗行星的平均距离之比，因为它与轨道的宽度之比相同。也就是说，必须把每颗行星的真周日弧乘以其轨道半径。这样得到的数字将方便研究这些行程是否形成和谐比。

第十，为了确切知道在太阳上看到的任何此类周日行程的视尺寸，虽然可以借助天文学观测数据，但是也可以通过把偏心轨道任意点处的行程之比乘以它们的真实距离（而不是平均距离）之反比得到：其中要计算上方行星行程乘以下方行星到太阳的距离，以及相应地，下方行星行程乘以上方行星到太阳的距离。

第十一，同样，由给定的一颗行星在远日点和另一颗行星在近日点的视运动（或相反），可以得出一颗行星的远日距与另一颗行星的近日距之比。然而在这种情况下，必须事先知道与周期长度成反比的平均运动，由之可以根据上面第八款导出所述的轨道之比：取某个视运动及其平均运动之间的比例中项，那么这个比例中项与轨道的（已知）半径之比，就如同平均运动与待求的区间（或距离）之比。在图3.2中，设两颗行星的周期长度为27和8，于是前者与后者的平均周日运动之比是8:27。从而轨道的半径比将是9:4，因为27的立方根是3，8的立方根是2；而这些根的平方分别是9和4。现在设一颗行星在远日点的视运动为2，另一颗行星在近日点的视运动为$33\frac{1}{3}$。平均运动8和27与这些视运动之间的比例中项分别是4和30。因此，如果比例中项4给出该行星的平均距离为9，那么平均运动8给出的远日点距离为18，对应于视运动2。如果另一个比例中项30给出的另一颗行星的平均距离为4，则其平均运动27给出它的近日距为$3\frac{3}{5}$。因此，我说它的远日距与它的近日距之比为$18:3\frac{3}{5}$。由之很清楚，如果找到了支配两颗行星极端运动的和

①轨道几何中心（平太阳）看的视运动。——译者注

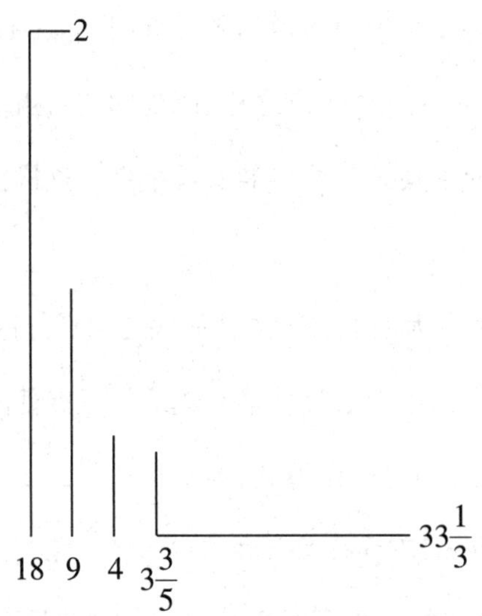

图3.2 由视运动导出距离之比

谐比，并且确定了二者的周期，那么就肯定可以导出极端距离与平均距离，也可以导出偏心率。①

第十二，由同一颗行星的各个极端运动可以找到平均运动。在这种情况下，它不是极端运动之间精确的算术平均值，也不是精确的几何平均值，它小于几何平均

① 采用现代代数符号，计算会更容易。设R_p，r_p（其中R_p大于r_p）为两颗行星的近日距，R_a，r_a为二者的远日距，R，r为二者的平均距离。又设M_p，m_p为二者的近日运动，M_a，m_a为二者的远日运动和M，m为二者的平均运动。给定$\frac{M_a}{m_p}$和$\frac{M}{m}$，开普勒计算出$\frac{r_p}{R_a}$。由于平均周日运动与周期长度成反比，第三（和谐）定律给出了式(1)$\frac{m}{M}=\left(\frac{R}{r}\right)^{\frac{3}{2}}$。由本章第六款（参见第31页注②）得出式(2)$\frac{M_a}{M}=\frac{R^2}{R_a^2}$和$\frac{m_p}{m}=\frac{r^2}{r_p^2}$。对于给定的周期长度比27∶8，开普勒取平均距离为$R=9$，$r=4$。运动的对应值为$M=8$，$m=27$。然后取$M_a=2$，$m_p=33\frac{1}{3}$，他计算出辅助量$M_1=\sqrt{M_aM}=4$和$m_1=\sqrt{m_pm}=30$。应用式(2)，$R_a=\frac{MR}{M_1}=18$和$r_p=\frac{mr}{m_1}=3\frac{3}{5}$。因而$r_p:R_a=1:5$。

值的差额,等于几何平均值小于算术平均值的差额。①设有两个极端运动8和10。平均运动将小于9,它小于80的平方根的差额,小于它与9的差额的一半。因此,如果近日运动是20和远日运动是24,平均运动将小于22,并且它小于480的平方根的差额,小于它与22的差额的一半。后面将要用到这条定理。

第十三,以上所述证明了一个对我们很有必要的命题:正因为两颗行星的平均运动之比与其轨道之比的$\frac{3}{2}$次幂成反比,两个相向视极端运动之比总是小于与这些极端运动对应的距离之比的$\frac{3}{2}$次幂,这个比值,等同于两个对应距离之比与两个平均距离之比(即两条轨道半径之比)的乘积,同时小于两条轨道之比平方根的比值。两个相向极端运动之比也正是以这个比值大于对应距离之比。如果上述乘积超过了轨道之比的平方根,那么相向运动之比将小于它们的距离之比。②

---

① 应用前一个注中对下方行星的记法,另外取$G=\sqrt{m_a m_p}$和$A=\frac{1}{2}\left(m_a+m_p\right)$,上述开普勒的公式成为$m=G-\frac{1}{2}(A-G)$。开普勒没有提供任何证明,但这个结果可以说明如下。把关系式$\frac{m}{m_a}=\frac{r_a^2}{r^2}$与$\frac{m}{m_p}=\frac{r_p^2}{r^2}$相乘得到$\frac{r_a r_p}{r^2}=\frac{m}{G}$。然后把相同的关系式相加给出

$$\frac{m(m_a+m_p)}{m_a m_p}=\frac{r_a^2+r_p^2}{r^2}\text{或者}\frac{2mA}{G^2}=\frac{\left(r_a+r_p\right)^2-2r_a r_p}{r^2};\ \text{也就是}\frac{mA}{G^2}=2-\frac{m}{G}。$$

因而

$$m=\frac{2G^2}{A+G}=G\left(1+\frac{A-G}{2G}\right)^{-1}=G-\frac{1}{2}(A-G),$$

其中忽略了$(A-G)$的二次和高次幂。

②首先需要注意的是,开普勒根据构成一个比的数字的商与1的差额来决定它是否较大。因此,开普勒命题的第一部分——两个视极端相向运动之比总是小于距离反比的$\frac{3}{2}$次幂,用现代记法可以写成$\frac{M_p}{m_a}>\left(\frac{r_a}{R_p}\right)^{\frac{3}{2}}$,因为商小于1。类似地,比的第二部分可以写成:当$\frac{(rR_p)}{(Rr_a)}>\left(\frac{r}{R}\right)^{\frac{1}{2}}$,也就是当$\frac{r_a}{R_p}<\left(\frac{r}{R}\right)^{\frac{1}{2}}$时,$\frac{M_p}{m_a}<\frac{r_a}{R_p}$,以及当$\frac{(rR_p)}{(Rr_a)}<\left(\frac{r}{R}\right)^{\frac{1}{2}}$,也就是当$\frac{r_a}{R_p}>\left(\frac{r}{R}\right)^{\frac{1}{2}}$时,$\frac{M_p}{m_a}>\frac{r_a}{R_p}$,由$\frac{M_p}{M}=\frac{R^2}{R_p^2}$和$\frac{m_a}{m}=\frac{r^2}{r_a^2}$可知$\frac{(M_p m)}{(Mm_a)}=\frac{(R^2 r_a^2)}{(r^2 R_p^2)}$。应用和谐定律$\frac{M}{m}=\left(\frac{r}{R}\right)^{\frac{3}{2}}$,这成为$\frac{M_p}{m_a}=\left(\frac{R}{r}\right)^{\frac{1}{2}}\left(\frac{r_a^2}{R_p^2}\right)$。由于$\frac{R}{r}>\frac{R_a}{r_a}$和因此$\left(\frac{R}{r}\right)^{\frac{1}{2}}>\left(\frac{R_a}{r_a}\right)^{\frac{1}{2}}$,可知$\frac{M_p}{m_a}>\left(\frac{R_a}{r_a}\right)^{\frac{3}{2}}$。如果$\frac{r_a}{R_p}<\left(\frac{r}{R}\right)^{\frac{1}{2}}$,由$\frac{M_p}{m_a}=\left(\frac{R}{r}\right)^{\frac{1}{2}}\cdot\frac{r_a^2}{R_p^2}$可知$\frac{M_p}{m_a}<\frac{r_a}{R_p}$,且如果$\frac{r_a}{R_p}>\left(\frac{r}{R}\right)^{\frac{1}{2}}$,则$\frac{M_p}{m_a}>\frac{r_a}{R_p}$。

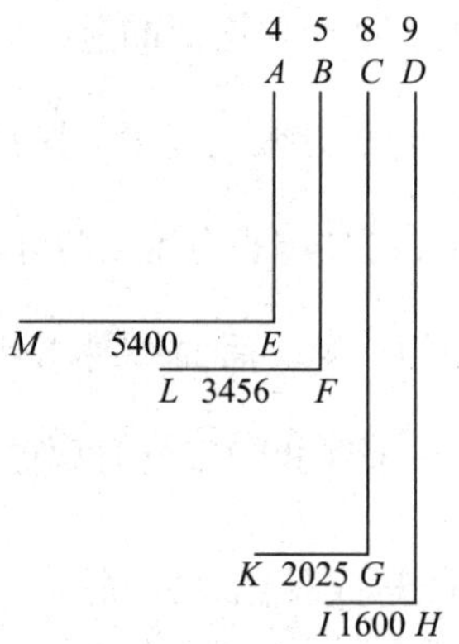

图3.3 第三定律应用于相向极端运动的数字例子

设轨道之比为$DH:AE$,平均运动之比为$HI:EM$,它是前者倒数的$\frac{3}{2}$次方。又设CG是第一颗行星的最小轨道距离,BF是第二颗行星的最大轨道距离;并设$DH:CG$与$BF:AE$的乘积小于$DH:AE$的平方根。又设上方行星在近日点的视运动为GK,下方行星在远日点的视运动为FL,因此它们是相向极端运动。我说①

$$GK:FL\in\left(BF:CG,BF^{\frac{3}{2}}:CG^{\frac{3}{2}}\right),$$

因为

$$HI:GK=CG^2:DH^2,$$

以及

$$FL:EM=AE^2:BF^2,$$

从而

---

① 下面的推导过程在两个英译本中都不甚清晰。译者用α记假设中的亏缺比,经过演算重新组织了译文,但仍尽量保持与英译本一致。有几点特别需要提请读者注意:1. 推导中多次用到比的复合。本书的1952年英译本{见导读(二)的参考文献[1]}中用comp.,本书的1997年英译本{见导读(二)的参考文献[2]}中用乘号×,我们采用较简单的×。2. 在开普勒的比式中,两项的位置是不重要的,对他来说,2:3与3:2是一样的。3. 但他计算比值时,总是把较大项除以较小项,因此比值永远大于1;例如下文中提到$\frac{5}{8}$以盈余比$\frac{15}{16}$大于$\frac{2}{3}$,或即5:8以盈余比15:16大于2:3。上面提到的盈余比15:16的值是1.0667,这与我们习惯的比值计算方法正好相反。或者我们也可以说,2:3以亏缺比15:16小于5:8,亏缺比15:16的值也是1.0667。——译者注

$$(HI:GK)\times(FL:EM)=(CG^2:DH^2)\times(AE^2:BF^2)。$$

但是已假设

$$(CG:DH)\times(AE:BF)<AE^{\frac{1}{2}}:DH^{\frac{1}{2}},$$

记亏缺比为α。因此也有

$$(HI:GK)\times(FL:EM)<AE:DH,$$

其亏缺比为α的平方,但是由前面第八款,可知

$$HI:EM=AE^{\frac{3}{2}}:DH^{\frac{3}{2}},$$

因此,把上式除以前一个不等式得到,

$$(HI:EM)\times(GK:HI)\times(EM:FL)>AE^{\frac{1}{2}}:DH^{\frac{1}{2}},$$

它有数值为α^2的平方盈余比。但是

$$(HI:EM)\times(GK:HI)\times(EM:FL)=GK:FL,$$

因此,

$$GK:FL>AE^{\frac{1}{2}}:DH^{\frac{1}{2}}$$

也有平方盈余比α^2。不过

$$AE:DH=(AE:BF)\times(BF:CG)\times(CG:DH),$$

且

$$(CG:DH)\times(AE:BF)<AE^{\frac{1}{2}}:DH^{\frac{1}{2}}$$

有亏缺比α。因此,

$$BF:CG>AE^{\frac{1}{2}}:DH^{\frac{1}{2}}$$

有盈余比α。但是,

$$GK:FL>AE^{\frac{1}{2}}:DH^{\frac{1}{2}}$$

有平方盈余比α^2。而平方盈余比大于盈余比。因此,运动之比$GK:FL$大于对应距

离之比$BF:CG$。

显然，在相反的情况下可以使用相同的论证，如果行星在G和F处彼此靠近的程度超过H与E的平均距离，使得平均距离之比$DH:AE$小于$DH^{\frac{1}{2}}:AE^{\frac{1}{2}}$，然后运动之比$GK:FL$变得小于对应距离之比$BF:CG$。只要把大于改为小于，即>改为<，盈余改为亏缺，就可以证明了。

在引用的数字中，$\frac{4}{9}$的平方根是$\frac{2}{3}$，$\frac{5}{8}$以盈余比$\frac{15}{16}$大于$\frac{2}{3}$。而比8:9的平方是比1600:2025，即64:81；以及比4:5的平方是比3456:5400，即16:25；最后，比4:9的$\frac{3}{2}$次方是比1600:5400，即8:27。因此，比2025:3456(即75:128)也以相同的盈余比120:128(即15:16)大于75:120(即5:8)。从而，相向运动的比2025:3456超过相应距离反比5:8的量，如同5:8超过2:3的量，后者是两个天球之比的平方根。或者等同地，两个相向距离之比是两个天球之比的平方根与对应运动的反比之比例中项。①

此外可以理解，相向运动之比大于天球之比的$\frac{3}{2}$次方，因为它是由远日距与平均距离之比，乘以平均距离与近日距之比得到的。

① 作为他的数值例子，开普勒取$DH=R=9$，$AE=r=4$，$CG=R_p=8$，$BF=r_a=5$，$HI=M=1600$，$EM=m=5400$，$GK=M_p=2025$，以及$FL=m_a=3456$。于是$\frac{r}{R}=\frac{4}{9}$，所以$\left(\frac{r}{R}\right)^{\frac{1}{2}}=\frac{2}{3}$，而$\frac{r_a}{R_p}=\frac{5}{8}$。因而比$r_a:R_p$大于(用开普勒的术语)比$r:R$，盈余量为15:16，由$\frac{2}{3}$除以$\frac{5}{8}$得到。再者$\left(\frac{R_p}{R}\right)^2=\frac{64}{81}=\frac{1600}{2025}=\frac{M}{M_p}$和$\left(\frac{r}{r_a}\right)^2=\frac{16}{25}=\frac{3456}{5400}=\frac{m_a}{m}$。也有$\left(\frac{r}{R}\right)^{\frac{3}{2}}=\frac{64}{81}=\frac{1600}{2025}=\frac{M}{m}$。从而，比$M_p:m_a=2025:3456=75:128$，大于(用开普勒的术语)比$r_a:R_p=5:8$，超过部分为15:16，通过$\frac{5}{8}$除以$\frac{75}{128}$得到。这样，$M_p:m_a$超过$r_a:R_p$的量等于$r_a:R_p$超过$r^{\frac{1}{2}}:R^{\frac{1}{2}}$的量。

第四章
造物主在哪些与行星运动有关的特征中表达了和谐性，方式如何？

· *In What Things Pertaining to the Planetary Movements have the Harmonic Ratios been Expressed by the Creator, and in What Way?* ·

行星中仍然存在的显著特征如下：

(1)它们到太阳的距离；

(2)它们的周期；

(3)它们的周日偏心弧；

(4)它们在周日弧上的延迟；

(5)对太阳而言的视角，或者说对在太阳上观测者的视周日弧。

——开普勒

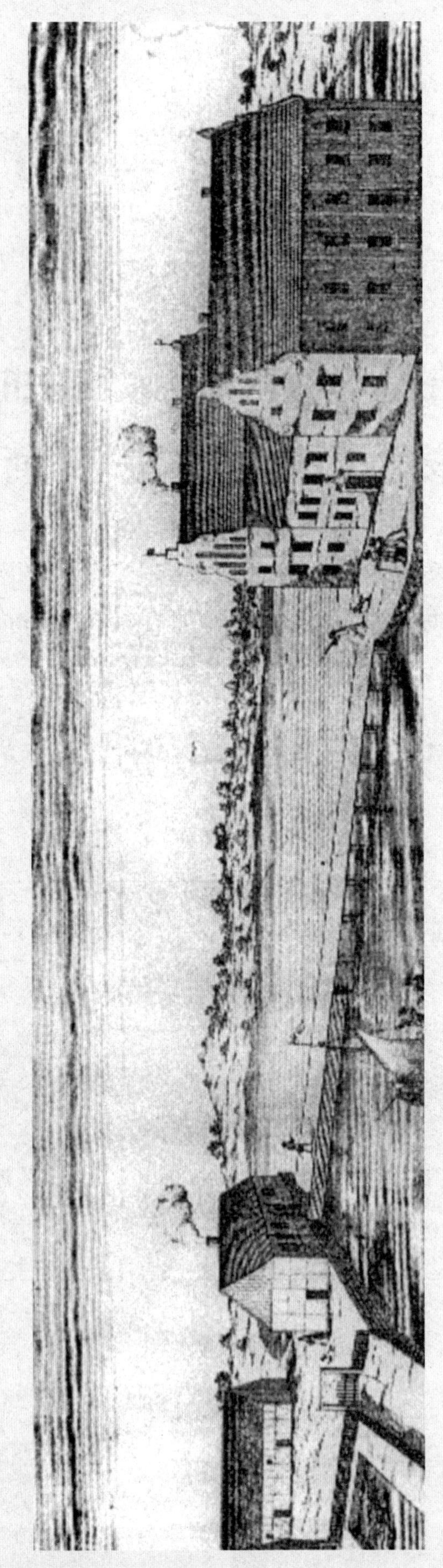

摒弃倒退和停留的假象，剥离掉次要因素从而只剩下行星在其本身真实偏心轨道运动的核心要素以后，行星中仍然存在的显著特征如下：(1)它们到太阳的距离；(2)它们的周期；(3)它们的周日偏心弧；(4)它们在周日弧上的延迟[1]；(5)对太阳而言的视角，或者说对在太阳上观测者的视周日弧。再者，当行星环绕整个轨道运行时所有这些(除了周期)都是变化的，在中间部分变化最大，在极端位置变化最小，那里它们刚刚离开一个极端去向另一个极端。因而，当行星最低最接近太阳时，它在其偏心轨道上走过一度弧花费的时间最少，在其偏心轨道上的周日弧最大，从太阳上看起来最快，然后这样的活跃运动状态持续一段时间，没有任何可以觉察得到的变动，直到通过近日点以后，行星开始增加它到太阳的直线距离。同时，它在偏心轨道上花费的时间也更长，或者如果考虑周日运动，那么周日运动随后每一天都持续减少，从太阳上看也会慢得多，直到接近上拱点[2]，到太阳的距离达到最大。它花费在偏心轨道上一度弧的时间也最长，或者反过来说，周日弧最小，也使得它的视运动小得多，并且在整个回路中是最小的。

最后，所有这些特征都既可以属于在不同时刻的同一颗行星，也可以属于不同的行星。因此如果我们假定有无穷多个时刻，一颗行星在轨道上的所有状态都可以在相同时刻与另一颗行星轨道上的所有状态吻合，并且可以相互比对；于是事实上，整条偏心轨道都可以相互比对，它们的半径或平均距离有相同的比例，然而两条偏心轨道上被认为相等或有相同角度的两段弧，它们的真实长度却并不相等，而是与整条偏心轨道成比例的。例如，土星天球上一度弧的长度几乎是木星天球上同样一度弧的两倍。另一方面，用天文学数字表示的偏心轨道上的周日弧与地球

◀ 第谷出生地的素描图。

① 推测是指周日弧长度的变化。——译者注

② 上拱点指远日点，下拱点指近日点。——译者注

一天内在空中通过的真实行程并不成比例，因为上方行星较大轨道上的一度是较长的一段，而下方行星较小轨道上的一度是较短的一段。因此，现在增加需要考虑的第六方面，它涉及两颗行星的周日行程。

让我们首先考虑上面列出的第二个特征，即行星的周期，这是耗费在整个回路上所有弧段，包括耗费在长、中等和短弧段上时间的总和。从古至今一直观测到的行星绕日运动的周期见表4.1。

表4.1 行星绕日运动周期和平均周日运动①

	日	日分$\left(日的\frac{1}{60}\right)$	由此得到的平均周日运动		
			分	秒	$\frac{1}{60}$秒
土星	10759	12	2	0	27
木星	4332	37	4	59	8
火星	686	59	31	26	31
地球和月球	365	15	59	8	11
金星	224	42	96	7	39
水星	87	58	245	32	25

在这些周期之间，不存在和谐比。把较大的周期持续对分，较小的持续加倍，使所有周期约化到同一个八度中，就容易看出。

表4.2 行星绕日运动周期约化到一个八度中②

	土星	木星	火星	地球	金星	水星	
减	10759日12日分						加
	5379日36日分	4332日37日分				87日58日分	
半	2689日48日分	2116日19日分			224日42日分	175日56日分	倍
	1344日54日分	1083日10日分	686日59日分	365日15日分	449日24日分	351日52日分	
↓	672日27日分	541日35日分					↓

①平均周日运动 = $\frac{360^\circ}{周期长度}$。例如对地球，平均周日运动= $\frac{360^\circ}{365.25}$ = 0.985626°= 0°59′8″15‴，这里‴指$\left(\frac{1}{60}\right)''$。注意原书的计算数据常有微小误差，可能受计算工具的限制。——译者注

②也就是使约化后的最大周期与最小周期之比不大于2。——译者注

由表4.2可见，所有最后得到的数字之间构成的都不是和谐比，似乎是无理比。设采用某个单位，使得火星的天数687的量度为120(这是一根弦的分割数)。那么用这个单位，土星的十六分之一略多于117；木星的八分之一小于95；地球小于64；金星的两倍大于78；水星的四倍大于61。然而这些数字都不与120成任何和谐比；不过相邻的数字60，75，80和96却成和谐比。类似地，若取对土星的量度为120的单位，则木星大约为97，地球大于65，金星大于80，水星小于63。又若取对木星的量度为120的单位，则地球小于81，金星小于100，水星小于78。再取对金星的量度为120的单位，则地球小于98，水星大于94。最后取对地球的量度为120的单位，则水星小于116。但是，如果我们随意选择的这个比确实体现了和谐性，它们将是绝对完美的和谐比，没有超过或亏缺。因此我们发现，造物主无意在总耗时(即周期中)引入和谐比。

很容易猜测行星体积与它们的周期成比例(基于几何学证明，以及《火星评注》中提出的行星运动起因理论)，但事实上，土星是地球的30倍，木星是地球的13倍，火星小于地球的二分之一，地球是金星的1.5倍，是水星的4倍。[①]行星球体本身的这些比也不是和谐的。

然而，除非受到其他一些必然性先验法则的束缚，否则上帝不会创造几何上不美观的任何东西，并且我们很容易推断，基于原型中的预设，周期得到了恰当的长度，移动的天体得到了恰当的尺寸，说明这些看来不成比例的尺寸和周期都是合适的。但是我也说过，周期是所耗费的很长、中等和很短时间的总和。因此，几何和谐必定或者在这些耗时中，或者在造物主心灵中先前的某些东西中可以找到。而耗时与周日弧成比例，因为弧长与耗时成反比。我们已经说明了，任何一颗行星的耗时与距离都成比例。因此，就一颗行星而言，对弧长、在相等弧长上的耗时和弧到太阳之间距离三者的讨论，其实是一回事。因为所有这些在行星的情形都是变

① 这些数据与现代数据[导读(二)中的表9]相差甚远。——译者注

量，毫无疑问，如果它们被造物主充满自信的设计赋予了几何美，那么它们一定会在其极端处，如在远日点或近日点处获得，而不是在介于二者之间的中间某处获得。因为一旦极端距离处的比值给定，设计时无须再赋予中间比值确定的数字，鉴于行星运动的必要性，它们将在从一个极端通过所有中间点到另一个极端的过程中自动出现。

这些极端距离如表4.3所示，这是我根据第谷·布拉赫非常精确的观测，采用在《火星评注》中说明的方法，经过十七年坚持不懈的潜心努力得到的。

表4.3 行星的极端距离中是否存在和谐比[①]

一对行星极端距离之比		极端距离	单颗行星极端距离之比
相背距离	相向距离		
		土星的远日点 a=10052 近日点 b=8968	大于小全音，10000∶9000 小于大全音，10000∶8935
$\frac{a}{d}=\frac{2}{1}$	$\frac{b}{c}=\frac{5}{3}$		
		木星的远日点 c=5451 近日点 d=4949	约为11∶10，非和谐比，或6∶5的平方根，即不和谐的减小三度
$\frac{c}{f}=\frac{4}{1}$	$\frac{d}{e}=\frac{3}{1}$		
		火星的远日点 e=1665 近日点 f=1382	1662∶1385会是和谐比6∶5，
$\frac{e}{h}=\frac{5}{3}$	$\frac{f}{g}=\frac{27}{20}$		
		地球的远日点 g=1018 近日点 h=982	1025∶984会是第西斯25∶24，因此它还不到一个第西斯
$\frac{g}{k}=\frac{10000}{7071}$	$\frac{h}{i}=\frac{27}{20}$		
		金星的远日点 i=729 近日点 k=719	略大于音差， 大于第西斯的三分之一
$\frac{i}{m}=\frac{12}{5}$	$\frac{k}{l}=\frac{243}{160}$		
		水星的远日点 l=470 近日点 m=307	大于增五度，小于软六度8∶5

① 本表中“极端距离”列的数据是观测值，它们都是相对值。“一对行星极端距离之比”列是精确比值的小整数拟合，其中四个与精确值的差额超过1.25%，即人耳可以听出差别的音差(21.5音分)，最大差额在$\frac{e}{h}$，约30音分。——译者注

可以看出，除了火星和水星，单颗行星的极端距离均未显示和谐比。[①]

但是如果你把不同行星的极端距离相互比较，和谐比的迹象开始出现。土星与木星的相背极端距离略多于八度，它们的相向极端距离是硬六度与软六度的平均值。类似地，木星与火星的相背极端距离大约包含两个八度，它们的相向极端距离大约是八度加五度。然而，地球与火星的相背极端距离大约包含硬六度，它们的相向极端距离是增四度。在下一对地球和金星中，它们的相向极端距离是增四度，但在它们的相背极端距离之间并无和谐比；因为它小于半个八度（如果我们可以这样说），也就是说，小于$\sqrt{2}:1$。最后，金星与水星的相背极端距离之比略小于八度加软三度，而它们相向极端距离之比略大于增五度。

因此，尽管有一对距离与和谐比相差稍远，这个好结果仍然鼓励我继续探索。下面是我的推理。首先，如果这些距离只是长度而不涉及运动，那么它们不适合用于查验和谐比，因为和谐比与或快或慢的运动更密切相关。其次，因为这些距离都是天球半径，鉴于相似性很容易想到，应该优先考虑五个正多面体中的比。正多面体几何本体与天球（它或者如古人所认为的，四周被天体封闭，或者被大量相继的旋转累积包围）之比，也如同内接在一个圆中的平面图形（并且是产生和谐比的图形）与运动的天际圆之比，以及与运动发生的其他区域之比。因此，我们不要在后面这些距离中寻找和谐比，因为它们是天球的半径，而要在前面的那些距离中寻找，因为它们是运动的度量，也就是，在真实运动中寻找更加恰当。当然，除了平均距离，没有其他距离可以取为天球的半径；而我们正在讨论的却是极端距离。因此，我们所讨论的并非天球中的距离，而是运动中的距离。

出于这些原因，我转而比较极端运动。首先，运动之比在数值上与以前讨论的距离之比相同，只是互为倒数。这里也如之前一样，发现了运动之间的一些非和谐比。然而，得到这样的结果是理所当然的，因为我比较的偏心轨道的弧长的表示或

---

① 火星和金星似乎也未显示和谐比。——译者注

计算不是用相同的尺度，而是用其大小因行星而异的不同的度和分。它们的数值只是表示了在每条偏心轨道的中心看到的视尺寸，而这些中心并无任何实体支持。类似地也很难想象，在世界上哪个位置有任何可以把握这个视尺寸的感觉或自然天性，或者更应该说，对于不同的行星，根本不可能用相对于它们自己的中心（在不同的情况下不同）的视尺寸来比较它们在其偏心轨道上的弧。如果要比较不同行星的视尺寸，那么它们应该是在世界上同一位置观测到的，在这个位置上可以观测到所有视尺寸。因此，我觉得这些偏心轨道弧的视尺寸或者不应该考虑或者应该以一种不同的方式表示。但是如果我不考虑视尺寸并把我的注意力转向行星的真周日行程，我们应该应用我在前一章第九款陈述的法则。[①] 把偏心轨道的周日运动弧长乘以轨道的平均距离得到以下行程，见表4.4。

表4.4 行星在拱点的周日行程[②]

		周日运动	平均距离	周日行程
土星	在远日点	1′53″	9510	1075
	在近日点	2′7″		1208
木星	在远日点	4′44″	5200	1477
	在近日点	5′15″		1638
火星	在远日点	28′44″	1524	2627
	在近日点	34′34″		3161
地球	在远日点	58′6″	1000	3486
	在近日点	60′13″		3613
金星	在远日点	95′29″	724	4149
	在近日点	96′50″		4207
水星	在远日点	201′0″	388	4680
	在近日点	307′3″		7148

① 这个法则的要点是对真周日行程需要有一个适用于所有行星的共同衡量标准，由真周日弧（从离心轨道中心测量的角分和角秒）与行星到太阳的平均距离的乘积构成。

② 本表“周日运动”列是原始实测数据，“平均距离”列是由表4.3“极端距离”列取平均值得到的，注意平均距离是相对值。周日行程（即行星一天内走过的距离）由以下公式计算：周日行程=周日运动×平均距离/1000。因此周日行程是所有行星在公共尺度下的相对大小。——译者注

于是,土星的行程几乎不到水星行程的七分之一;亚里士多德在他的《论天》(*De Caelo*)的第二卷中认为这个结果是合理的,即离太阳更近的行星总是比更远的行星走过更大的距离,而在古代天文学中是不可能得到这个结论的。

因此,就个别行星的周日行程而言,它们构成的比的大小应该与以前得到的距离之比相同,不过是倒数。因为如前所述,(相同度数的)偏心弧的长度与它们到太阳的距离成反比。

然而,如果我们考虑一对行星的极端行程,无论是相背的还是相向的,那么与以前我们考虑的真实弧相比,任何和谐比出现的机会都要少得多。

事实上,如果我们更仔细地思考这个问题,那么很显然,最睿智的造物主不大可能首先关注行星真行程之间的和谐比。因为如果行程之比是和谐的,那么行星的其他特征都将因与行程关联而将受其制约,这样就没有在其他地方考虑和谐的余地。但是谁将从行程之间的和谐中受益,或者谁会感知这些和谐比呢?在自然现象中有两样东西可以向我们展示和谐比,那就是光线或声音。前者是通过眼睛,或类似于眼睛的隐藏感官接收的,后者是通过耳朵接收的;而把握这些发射物的心智,要么通过天性(对此已在第四卷中说了很多),要么通过天文学或和谐比推理来判断它们是否和谐。事实上,天上没有声音,而且运动不会那么急促,不会因与天上的空气摩擦而产生啸叫声。[①] 剩下的只有光。如果光能够告知我们关于行星行程的任何信息,它将把信息传递给在一定位置的眼睛或与眼睛类似的感官。所以,必须有感官才能使光立即传递信息。于是,为了使行星的所有运动同时被感知,感官必须遍布全世界。以前的方法是先进行许多观测,然后用几何学和算术进行费时费力的试探研究,还必须事先具备球的比值以及其他相关知识,才能最终展示行星的行程。这对于任何自然天性都显得过于烦琐冗长。为了改变这种状况,引入

① 事实上,地球大气层外广袤的天上并无空气,不可能产生啸叫声,即使有爆炸声之类也因为没有空气或其他介质而无法传播。——译者注

和谐性是合理的。

将所有这些整合在一起，我得出了正确的结论，我们不应该考虑行星在天上的真实行程而应该着眼于视周日弧[1]，它们在世界上的一个特定位置上是清晰可见的，这个位置就是真太阳本体，世界上所有行星的运动之源。我们现在不应该着眼于在太阳上看来任何特定的行星有多高，也不应该着眼于它一天内穿越了多少距离（因为那些都是理性的和天文学数字的，不是天性的），而应该着眼于每颗行星的周日运动对向真太阳本体的角度是多大，或者在环绕太阳的公共回路（例如偏心轨道）上，在任何特定日子中画出了多大的弧。于是，以光为媒介传送到太阳本体的这些外观，又可以随着光本身直接流向具有这种天性的生物，就像我们在第四卷中已经说过的，天上的模式以光为媒介流向一个胎儿。[2]

因此，如果摒弃因行星年轨道的视差带来的停留和倒退的假象，也就是把行星本身的运动剥离出来，那么第谷天文学数字告诉我们，在太阳上的观测者看来，行星在它们自己轨道上的周日运动如表4.5所示。

① 这里应该是从太阳上看的视周日弧，即真周日弧。——译者注

② 开普勒在这里似乎提示，生物对天体和谐的接收是天性的。就像方位一样，和谐以某种方式与来自太阳的光一起传递。在天体和谐的各种可能位置中，开普勒指出，将它们置于（从太阳上看的）视运动位置，识别它们所需的计算和推理会最少。换言之，这是最适合天性识别的位置。

表4.5 行星的视极端运动之间的比[①]

两颗行星间的和谐性 相背的　　相向的	视周日运动	与单颗行星固有比 近似的旋律音程比
$\frac{a}{d}=\frac{1}{3}$, $\frac{b}{c}=\frac{1}{2}$	土星在远日点 a=1′46″ 在近日点 b=2′15″	1′48″:2′15″ = 4:5, 大三度
$\frac{c}{f}=\frac{1}{8}$, $\frac{d}{e}=\frac{5}{24}$	木星在远日点 c=4′30″ 在近日点 d=5′30″	4′35″:5′30″ = 5:6, 小三度
$\frac{e}{h}=\frac{5}{12}$, $\frac{f}{g}=\frac{2}{3}$	火星在远日点 e=26′14″ 在近日点 f=38′1″	25′21″:38′1″ = 2:3, 五度
$\frac{g}{k}=\frac{3}{5}$, $\frac{h}{i}=\frac{5}{8}$	地球在远日点 g=57′3″ 在近日点 h=61′18″	57′28″:61′18″ = 15:16, 半音
$\frac{i}{m}=\frac{1}{4}$, $\frac{k}{l}=\frac{3}{5}$	金星在远日点 i=94′50″ 在近日点 k=97′37″	94′50″:98′47″ = 24:25, 第西斯
	水星在远日点 l=164′0″ 在近日点 m=384′0″	164′0″:394′0″=5:12, 八度加小三度

值得注意的是,水星的大偏心率使得它的运动之比与它到太阳距离之比的平方有很大的不同。[②] 事实上,如果你把平均距离100与远日距121之比的平方,取为远日运动与平均运动245′32″[③]之比,那么远日运动将为167′;如果你同样把近日运动与平均运动之比,取为100与近日距79之比的平方,那么近日运动将为393′。在这两种情况下都大于我预想的(见表4.5),因为在对应的(在太阳上看的)平近点角[④]

① 对表4.5数据的说明:(1)"视周日运动"列由表4.4的"周日运动"列经过以下变换得到。因为参考点从中心改为焦点,亦即从平太阳改为真太阳,于是对近日点,弧$_{\text{真}}$ = (1 + e) 弧$_{\text{平}}$,而对远日点,弧$_{\text{真}}$ = (1 − e) 弧$_{\text{平}}$,其中e为椭圆轨道偏心率。(2)"音程比"列是"视周日运动"列的原始数据略经调整后得到的与旋律音程对应的比。(3)"和谐性"列也并非根据"视周日运动"列数据计算的精确值,而是对这些数据有所调整,其中有四个的误差超过人耳可以听出差别的音差(21.5音分),最大误差出现在$\frac{e}{h}$,约30音分。——译者注

② 开普勒说明了,对于小的偏心率,从太阳上看的视速度反比于它到太阳距离的平方。参见第三章第六款和第三章第31页的注②。

③见表4.1。——译者注

④关于平近点角,见导读(二)中的说明。这里疑指在轨道的平均距离处。——译者注

处的平均运动看起来非常斜而不那么大，也就是说不到245′32″，少了大约5′。因此，远日运动和近日运动也会较小。然而，根据欧几里得《光学》中的定理，以及我在前一章第六款中的提醒，这个效应对远日点较大，而对近日点较小。

因此，我可以设想，上面所述单颗行星的周日偏心弧之比，在单颗行星的这些视极端运动之间有和谐性，而这正来自前面所述的周日偏心弧之比，因为我看到和谐比的平方根到处都是支配性的，而我知道视运动之比是偏心运动之比的平方。但是正如你在表4.5中看到的，我们其实可以用实际观测验证而无须推理。单颗行星的视运动之比非常接近于和谐比。[①] 例如，土星和木星所包含的分别稍多于硬三度和软三度：在前一种情况下只超过了53∶54，在后一种情况下只超过了54∶55或更小，也就是大约一个半音差。地球包含的比与半音的相比较，多出137∶138，大约半个音差；火星的略微小于五度，也就是少29∶30，接近于34∶35或者35∶36；水星的音域为八度加小三度亏缺约38∶39，大约两个音差，即约34∶35或35∶36。金星单独占据的音程小于任何旋律音程即第西斯，在两到三个音差之间，几乎是34∶35，或说大约是35∶36，超过三分之二个第西斯，几乎等于第西斯减去音差。[②]

让我们也考察月球。[③] 我们发现它在远地点[④]的周时运动（最慢的运动）是

①从这里开始到本章末，开普勒的意图是说明在行星的极端运动之间存在着和谐比，但这一部分的阅读和理解都很困难。译者根据表4.5的原始数据计算并得到附表（见本章末尾的附录），以方便读者。开普勒对固有、相向和相背运动的计算和分析相当精准，而且所有比值与和谐比或旋律音程的差异都很小，只有一个（木星与火星的相背运动）超过了开普勒自定的可接受标准——第西斯（71音分）。对于一对行星的同类运动之比，开普勒应用了表4.5引入的与和谐比接近的比值，附表中则直接根据原始数据计算，但结果相差很小。开普勒说其中有三个非和谐比（火星与木星的近日运动之比、地球与火星的远日运动之比和水星与金星的远日运动之比），其实最后一个对硬六度的偏离也不超过第西斯。虽然这些和谐比并无存在的理由，只是一些巧合，但也不免使人感叹大自然的鬼斧神工和开普勒的聪明才智加上勤奋刻苦。——译者注

② 按中间列数据，金星的音域是50.08音分，注意到第西斯是70.67音分，音差是21.51音分，容易理解以上叙述。——译者注

③ 月球的视运动是从地球上观测的。

④ 原文为 apogee in qadrature，这里译为远地点。quadrature意为“方照”，指太阳和月球分别在以地球为角顶（即在相向和相背的极端运动之间）的两条直角边上，不知为何附加于此。——译者注

26′26″，而在近地点[①]的（最快的运动）是35′12″。这个比非常精确地形成了一个四度，因为26′26″的三分之一是8′49″，而后者的四倍是35′15″。请注意在别处的视运动中找不到四度协和音程。注意四度协和音程与四分之一周的相位在数字上的相似性。[②]这些也可以在单颗行星的运动中找到。[③]

当比较一对行星的极端运动时，只要意识到天上存在着和谐，一切就十分明白。无论你比较相背还是相向极端运动，情况都是如此。土星与木星的相向运动之比是精确的两倍，或八度；它们的相背运动之比则略多于三倍，或者是八度加五度。因为5′30″的三分之一是1′50″，而土星的是1′46″。二者相比多出一个第西斯或略少，即亏缺因子为26∶27或27∶28；而当土星离远日点小于1″时，盈余因子为34∶35，这是金星的极端运动之间的比。木星与火星的相背和相向运动之间分别是略不完美的三个八度和两个八度加三度。对相背运动，火星的38′1″的八分之一是4′45″，而木星的是4′30″。在这些数字之间仍然存在18∶19的差异，这是15∶16与24∶25（半音加第西斯）的平均值，非常接近于完美的小半音128∶135。类似地，对相向运动，火星的26′14″的五分之一是5′15″，而木星的是5′30″；因此，五倍比值的亏缺因子大约是21∶22，即前面其他比中的盈余因子，约为一个第西斯，24∶25。

其实更加接近的是和谐比5∶24，即软三度（而不是硬三度）加上两个八度。因为5′30″的五分之一是1′6″，其24倍是26′24″，它与26′14″相差不超过半个音差。火星与地球（的相向运动）分配到一个很小的比值，是精确的1.5倍，或纯五度；因为57′3″的三分之一是19′1″，加倍后是38′2″，而火星的真实值是38′1″。分配给它

① 原文为 perigee at the syzygies，这里译为近地点。syzygies 意为“朔望”，指太阳、月球和地球在一条直线上。不知为何附加于此。——译者注

② 在天体和谐中缺乏像四度那样的主要和声。当然，对开普勒来说是个严重的问题，所以他很高兴在月球的视运动中找到了这种和声，以及它出现在这里的原因在于与四分之一周相位的相似性。

③ 这句话的含义不太清楚。——译者注

们的较大比(相背运动)的是八度加软三度,5:12,略微不完美。因为61′18″的十二分之一是$5'6\frac{1}{2}''$,其五倍约为25′33″,而火星的是26′14″。因此有亏缺但不到一个第西斯,即35:36。地球和金星分配到的和谐比,最大为3:5和最小为5:8,即硬六度和软六度,但也不是很完美。因为97′37″的五分之一约为19′31″,其三倍是58′34″,这比地球的远日运动多34:35,差不多是35:36,这是行星之间的比超过和谐比的因子,类似地,94′50″的八分之一是11′51″+,其五倍是59′16″,它最大可能地接近于地球的平均运动。在这种情况下,行星之比相对于和谐比小29:30或30:31,又是约35:36,不到一个第西斯,这是行星之比与纯五度和谐比的差距。因为94′50″的三分之一是31′37″,其两倍是63′14″,地球的近日运动61′18″与之相比较,只亏缺一个小因子31:32。因此,二行星之比恰好是相邻和谐比的平均值。最后,分配给金星和水星的比最大是两个八度,最小是硬六度,虽然这些都不是绝对完美的。因为384′的四分之一是96′0″,而金星的是94′50″。因此接近于四倍,相差不到一个音差。类似地,164′分的五分之一是32′48″,其三倍是98′12″,而金星的是97′37″。所以,两行星之比超过了5:3约三分之二个音差,即126:127。

于是,这些就是分配给诸行星彼此之间的和谐比;并且没有哪一个直接比较(即在相向和相背的极端运动之间的比较)不是很接近于某个和谐比,所以如果琴弦这样调整,耳朵不会轻易听出瑕疵,除了仅有的木星与火星之间超过和谐比较多的那一个。①

由此可知,如果我们比较同一类运动,它们也不大可能远离和谐比。因为如果

① 开普勒这里把“耳朵不容易觉察到”的最大瑕疵定义为一个第西斯24:25(71音分)。只有在木星和火星相背运动的情况,瑕疵才大于第西斯。在这种情况下,它是一个小半音128:135(92音分),这是第西斯加上半音的平均值。尽管瑕疵很小,但它们仍然没有开普勒所希望的那么小。因为在音乐演出中,不允许出现像第西斯那样大的瑕疵,最大的可接受瑕疵是一个音差80:81(22音分),不到第西斯的三分之一。

把土星的4:5复合53:54与中间比[①]1:2复合,乘积是2:5复合53:54,这是土星与木星的远日运动之比。把木星的5:6复合54:55与1:2复合,乘积是5:12复合54:55,这是土星与木星的近日运动之比。

类似地,将木星的5:6复合54:55与第二个中间比5:24复合158:157相复合,结果是1:6复合36:35,这是(木星与火星)的远日运动之比。同样把5:24复合158:157与火星的2:3复合30:29相复合;结果是5:36复合25:24,约125:864或接近1:7,这是(木星与火星)的近日运动之比:事实上,到目前为止,只有这一个不是和谐比。

把第三个中间比2:3与火星的2:3亏缺29:30复合:结果是4:9复合30:29,即40:87,另一个远日运动之间的不协和音程。如果替代火星的比复合地球的15:16复合137:138,你将得到5:8复合137:138,这是它们的近日运动之比。

并且如果你把第四个中间比即5:8复合31:30,或2:3复合31:32,与地球的15:16复合137:138相复合,你会发现乘积约为3:5,这是地球与金星的远日运动之比。因为94′50″的五分之一是18′58″,后者的三倍是56′54″,而地球有57′3″。如果把这个中间比与金星的34:35复合,结果是5:8,这是它们的近日运动之比。因为97′37″的八分之一是12′12″+,其五倍是61′1″,而地球有61′18″。

最后,如果你把最后一个中间比,3:5复合126:127,与金星的34:35复合,结果将是3:5复合24:25,这是由两个远日运动构成的不协和音程。但是,如果你把它与水星的比5:12复合38:39复合,结果是不到1:4(两个八度),亏缺约一个完整的第西斯,这是两个近日运动之比。

因此,我们找到了以下完美协和音程:土星与木星的相向极端运动之间的八度;木星与火星的相向极端运动之间的两个八度加上几乎软三度;火星与地球的相

① 中间比(intermediate ratio)指的是表4.5中相向极端运动之比。第一个至第五个中间比分别属于行星对土星-木星、木星-火星、火星-地球、地球-金星和金星-水星。下面的讨论中用到了哪一个中间比,涉及的就是相应一对行星的近日运动或远日运动之比。——译者注

向极端运动之间的五度，以及它们近日运动之间的软六度；地球与金星的远日运动之间的硬六度，它们近日运动之间的软六度；金星与水星的相向极端运动之间的硬六度，它们的相背极端运动，或甚至在它们的近日运动之间的两个八度。因而，似乎可以忽略剩余的非常微小的差异，尤其是在金星和水星运动中的那些，不会损害主要基于第谷·布拉赫的观测发展的天文学。

然而，你将首先注意到，在没有完美的主要和谐比之处，就像在木星与火星之间，我发现可以放置一个很接近于完美的多面体，因为木星的近日距离很接近火星远日距离的三倍，所以这一对行星渴望在距离上实现它们未能在运动中实现的完美和谐性。

其次，你还会进一步注意到，土星与木星之比的较大者超过和谐比（三倍）的量几乎与金星的固有比相同；而火星与地球之比的较大者的亏缺也几乎与上述的相同。

再次，你会注意到，对上方行星，和谐比出现在相向运动之间，而对下方行星，还出现在同侧运动之间。[①]

最后，你会注意到土星与地球的远日运动之间几乎是五度；因为57′3″的三十二分之一是1′47″，而土星的远日运动是1′46″。

此外，单颗行星中的和谐比与行星组合中的和谐比有很大的区别。这是因为，前者事实上不可能在同一时刻存在，而后者绝对可以；因为同一颗行星当它位于远日点时不可能也同时位于近日点——二者在相反的位置，但对两颗行星，在同一时刻可以一颗在远日点而另一颗在近日点。[②]素歌或齐唱（我们称之为合唱音乐[③]，

① 也就是两颗行星的运动都在远日点或都在近日点。

② 单颗行星表示的谐和音只能相继发出，就像在由一行组成的旋律那样。然而，由一对行星表示的谐和音可以同时发出，就像开普勒认为在那时刚发明的复调音乐那样。

③ 古希腊的合唱音乐是单声的，所有歌手一起唱出同样的旋律。——卡特注

古人仅知道的一种)与复调音乐(有几个声部的旋律,称为“带数字低音的歌曲”[①②],是近几个世纪的发明)之比较,也正如单颗行星被指定的和声与所有行星在一起的和声之比较。此外,在第五章和第六章里,将把单颗行星与古人的合唱音乐相比较,其特性将在行星的运动中展示。但在后续各章中将说明,行星放在一起与带数字低音的现代音乐所做的是相同的事情。

① 在素歌中,诸音符的所有时值大体相等,而“带数字低音的歌曲”中的音符被标注不同的时长,这使音乐家既能调节不同对位部分结合在一起的方式,也能产生丰富的表现效果。自此之后,所有旋律事实上都具有“带数字低音的歌曲”风格。——卡特注

② 英文为figured song,其意义如上面卡特的注所述,引入了音符的不同时长,当然也加入了多声部的各种和声,找不到现成的中文译名,姑且译为“带数字低音的歌曲”。与之相关的“数字低音”(figured bass),是多声部音乐中键盘乐器使用的一种省略记谱法。只标注一个低音声部,并在其下方写数字提示上方声部各音,演奏者据此即兴发挥弹奏和声。——译者注

附录

极端运动之间的和谐比

		水星		金星		地球		火星		木星		土星	
远日弧	分	164		94		57		26		4		1	
	秒	0		50		3		14		30		46	
	总	9840		5690		3423		1574		270		106	
近日弧	分	384		97		61		38		5		2	
	秒	0		37		18		1		30		15	
	总	23040		5857		3678		2281		330		135	
固有运动之比	实际	2.3415		1.0293		1.0745		1.4492		1.2222		1.2736	
	参考	2.4000	软三+八	1.0417	第西斯	1.0667	半音	1.5000	五	1.2000	软三	1.2500	硬三
	误差	-42.75	38∶39	-20.59	音差	12.66	半个音差	-59.68	29∶30	31.77	54∶55	32.36	53∶54
相向运动之比	实际		0.5952		0.6464		0.6664		0.2097		0.5000		
	参考		0.6000	3∶5,硬六	0.6250	5∶8,软六	0.6667	2∶3,五	0.2083	5∶24，2*八+三	0.5000	1∶2,八	
	误差		-13.84		58.28		-0.76		10.96		0.00		
相背运动之比	实际		0.2470		0.5844		0.4279		0.1184		0.3212		
	参考		0.2500	1∶4,2*八	0.6000	3∶5,硬六	0.4167	5∶12，八+软三	0.1250	1∶8,3*八	0.3333	1∶3，八+五	
	误差		-21.17		-45.52		46.26		-94.36		-64.13		
近日运动之比	实际		0.2542		0.6280		0.6202		0.1447		0.4091		
	参考		0.2500	1∶4,2*八	0.6250	5∶8,软六	0.6250	5∶8,软六	0.1429	非和谐比	0.4167	5∶12，八+软三	
	误差		28.91		0.63		-13.42				-31.77	53∶54	
远日运动之比	实际		0.5783		0.6016		0.4598		0.1715		0.3926		
	参考		0.6000	3∶5,硬六	0.6000	3∶5,硬六	0.4444	非和谐比	0.1667	1∶6，2*八+五	0.4000	2∶5，八+硬三	
	误差		-63.92		4.56		58.92		49.87		-32.36	54∶55	

附注：1. 表中误差的单位均为音分，其计算公式是误差=1200*$\log_2$(实际比/参考比)。一般人当在两个音之差小于20音分时即不能分辨。

2. 参考比中所列参考音程如“2*八+三”表示两个八度加三度，等等。

3. 一些常用小音程的音分如下。音差:22，第西斯:71，半音:112。

第五章
系统中的音高或音阶中的音、旋律的类型、硬调和软调，均已在从太阳上观测到的行星的各种运动之比中显示出来

· That the Clefs of the Musical Scale, or Pitches of the System, and the Genera of Consonances, the Major and the Minor, are Expressed in Certain Movements ·

为什么我要在措词上做文章呢？因为我曾拒绝并抛弃的大自然的真理，重新以另一种可以接受的方式，从后门悄悄地返回。也就是说，我没有考虑以前的方程，而只专注于对椭圆的研究，并确认它是一个完全不同的假说。然而，这两种假设实际上就是同一个，在下一章我将证明这一点。我不断地思考和探求着，直至我几乎发疯，所有这些对我来说只是为了找出一个合理的解释，为什么行星更偏爱椭圆轨道……噢，我曾经是多么的迟钝啊！

——开普勒

迄今为止,通过比对来自天文学的数字及来自和声的数字,我说明了,在环绕太阳旋转的六颗行星的十二个极端运动之间,存在着和谐比或者非常接近于和谐比的比值,它与最小旋律音程只相差一个不易觉察的部分。

在第三卷里,我们首先在第一章分别单独构造了各个和谐比,只有在第二章以后,我们才把所有这些组装到一个公共系统或称音阶中,或者更确切地说,组装到包含了所有其余协和音程的一个八度中,并通过分级或分出音高,使它们构成一个音阶。现在也是如此,当我们发现了上帝本尊亲自在世界上植入的和谐以后,接下来要做的事情是查看各个和谐是否单独成立,以致它们相互之间没有亲缘关系,或者实际上它们是相互一致的。然而,无须进一步研究就容易得出结论,这些和谐以最高的技巧结合在一起,它们相互支持就像一个单一的结构,并且没有一个和谐会与其他的发生冲突,因为我们看到,在对它们的运动的各式各样的比较中,和谐永远不会不出现。如果不是所有的和谐都配合良好并形成一个单一的音阶,很容易出现不和谐(在有必要之处)。因此,如果任何人在第一项和第二项之间确立了一个硬六度,以及在第二项和第三项之间独立地确立一个硬三度,那么他必须意识到第一项与第三项并不和谐,它们之间有一个不协和音程12∶25。

让我们看看这样推理得到的结果实际上是否成立。我们先提出一些注意事项,以免在推进研究过程中受到阻碍。首先,我们应该暂时忽略那些小于半音的盈余或亏缺;我们稍后会看到这是为什么。其次,因为在不同八度中音的等同性,我们可以通过反复加倍,或者反复减半,把它们全部纳入一个八度音阶系统中。

八度系统中所有音高对应的弦长数在第三卷第八章的一张表中给出。① 运动速度将与这些数字成反比。

◀ 月面上清晰可见的开普勒环形山。

---

① 这张表中的数字见导读(二)中的表3。这个八度中的音记为*G*,#*G*,*a*,♭*b*,*b*, *c*,*c*,# *d*,♭*e*,*e*,*f*,#*f*,*g*。——译者注

现在让我们比较各种运动如下,其中有些是通过多次减半得到的。

水星的近日运动减半七次,即 $\frac{1}{128}$,	为	3′0″
水星的远日运动减半六次,即 $\frac{1}{64}$,	为	2′34″ –
金星的近日运动减半五次,即 $\frac{1}{32}$,	为	3′3″ +
金星的远日运动减半五次,即 $\frac{1}{32}$,	为	2′58″ –
地球的近日运动减半五次,即 $\frac{1}{32}$,	为	1′55″ –
地球的远日运动减半五次,即 $\frac{1}{32}$,	为	1′47″ –
火星的近日运动减半四次,即 $\frac{1}{16}$,	为	2′23″ –
火星的远日运动减半三次,即 $\frac{1}{8}$,	为	3′17″ –
水星的近日运动减半, 即 $\frac{1}{2}$,	为	2′45″
水星的远日运动减半, 即 $\frac{1}{2}$,	为	2′15″
木星的近日运动	为	2′15″
木星的远日运动	为	1′46″

现在,设最慢行星土星的远日运动,即它的最慢的运动,表示系统中最低的 *G* 音,数值为 1′46″。那么地球的远日运动将用同一个音标识,但要高五个八度,它的数值为 1′47″;谁会质疑土星在远日运动中的一秒之差呢? 不过我们也看到,这个差额不大于 106 : 107,即小于一个音差。如果对这个 1′47″加上其四分之一,即 27″,其和为 2′14″,而土星的近日运动为 2′15″。木星的远日运动与之类似,但高一个八度。因此,这两个运动表示 *b* 音或略高。对 1′47″加上它的三分之一(36″)得到 2′23″,*c* 音,这就是火星近日运动的相同数值,但高四个八度。对相同的 1′47″再加上它的一半,54″,结果是 2′41″– ,它表示 *d* 音;而这里有现成的木星的近日运动,不过高一个八度:因为它非常接近于 2′45″。如果对 1′47″加上它的三分之二,

即1′11″+，得到2′58″+。而金星的远日运动为2′58″-。因此，这表示*e*音，但是高五个八度；而水星的近日运动并没有超过这个值很多，它是3′0″，但高七个八度。最后，把1′47″的两倍3′34″减去其九分之一，即24″。余数为3′10″+，它表示*f*音，几乎等于火星的远日运动3′17″，但要高三个八度；不过实际数值略大于应有的数值，接近*f*音。因为把3′34″减去它的十六分之一，即减去$13\frac{1}{2}$″，得到$3'20\frac{1}{2}$″，与3′17″非常接近。也确实到处可见用#*f*音来代替*f*音。[①]

因此，硬类型音乐一个八度中所有的音（除了*a*音，它也未在第三卷第二章的任何一种谐音分割[②]中出现），都可以用行星的各种极端运动表示，但其中没有金星和地球的近日运动，至于水星的远日运动，它的数值是2′34″，接近#*c*音，因为从*d*音的2′41″，减去十六分之一，10″+，剩下2′30″，这是#*c*音。因此只有金星和地球的近日运动被排除在这个音阶之外，如图5.1所示。

图5.1 行星的极端运动构成的音阶（开始于土星的远日运动）

另一方面，如果把土星的近日运动，2′15″，作为音阶的开始，认为它应该表示*G*音；于是*a*音是2′32″-，非常接近于水星的远日运动。*b*音是2′42″，由不同八度中同名音的等价性可知，它非常接近于木星的近日运动。*c*音是3′0″，与水星和金星的

① 在开普勒的硬音程中，第七个音取为*f*，但在音乐实践中，它常被#*f*代替，如在现代大调中那样。

② 谐音分割(harmonic division)指把一个音程分割为两个或多个谐和音程，例如把八度分割为纯五度和纯四度。——译者注

近日运动非常接近。*d*音是3′23″,而火星的远日运动,3′17″,不比它小多少。因此,这个数字小于它应有的音的差额,与它在前面构造的音阶中类似地大于它应有的音的差额几乎相同。[1] ♯*d*音是3′36″,几乎与地球的远日运动相同;[2] *e*音是3′50″,而地球的近日运动是3′49″。[3]然而,木星的远日运动又取*G*音。

据此,硬类型音乐一个八度中所有的音,除了*f*音以外,都可以用行星的远日和近日运动中的大多数来表示,尤其是那些以前遗漏的,如图5.2所示。

土星的近日运动 水星的远日运动 木星的近日运动 水星的近日运动 金星的近日运动 火星的远日运动(近似) 地球的远日运动 地球的近日运动(近似) 空缺 木星的远日运动

图5.2 行星的极端运动构成的音阶(开始于土星的近日运动)

于是,以前♯*f* 音被表示,*A*音被排除在外;现在*A*音被表示,♯*f*音则被排除在外,因为第二章里的谐音分割也排除了♯*f*音。

因此,借助音乐中自然歌曲[4][5]移调的方式,这个音阶或八度系统中所有的音在天上以两种方式表达出来了,如同歌曲的两种调式。唯一的区别在于,在我们的谐音分割中,两种方式都从同一个*G*音开始,而在行星运动的后一种情况下,在硬类型中以前是*b*音,现在是*G*音。

① 火星的远日运动对应于*d*音以下两个音差的音。在硬音阶的情形,火星的远日运动对应于*f*音以上几乎三个音差的音。

② 把地球的远日运动(57′3″)除以16,等于降低四个八度,得出3′34″,比地球的远日运动对应的♯*d*音低不到一个音差。

③ 开普勒这里在数字上有一个失误,因为*e*音对应于3′45″,而地球在远日点的实际运动几乎为3′50″。并非如开普勒所说的几乎与*e*音完全符合,地球的远日运动对应的音比*e*音几乎低两个音差。

④ 自然歌曲:基本大小调音乐,无升降号。——卡特注

⑤ 本书中理解为硬软类型——译者注

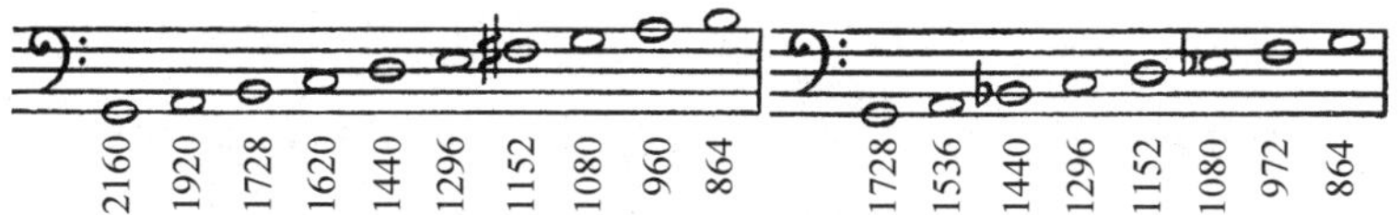

（a）在天体运动的情况

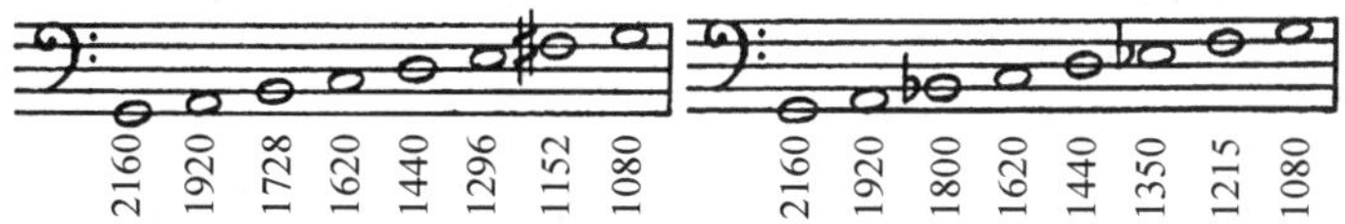

（b）在和谐分割的情况

图5.3 天体运动中的音阶及谐音分割

正如音乐中的比为2160∶1800即6∶5，由天空表示的系统中的比为1728∶1440，即6∶5，对另外几种情况也类似地有①，2160∶1800∶1620∶1440∶1350∶1080如同1728∶1440∶1296∶1152∶1080∶864。

因此，你现在将不会再对人们在音乐系统或音阶中创建的音或音高的最出色顺序感到惊讶，因为你看到他们在这方面所做的一切就是在模仿造物主上帝，好像只是表演了一幕天上运动的顺序。

事实上，我们还有另一种方法可以掌握天上的两种音阶，其中的系统其实是相同的，但调音用两种方式，一种根据金星的远日运动，另一种根据金星的近日运动。因为这颗行星运动的变化范围非常小，可以包含在最小的旋律音程第西斯中。上述在远日点的调音，分别给予土星（和地球）、金星和木星（近似）的远日运动G，e，b音，并给予火星、土星（近似）和水星（很清楚）的近日运动c，e，b音；另一方面，在近日点的调音不仅对火星、水星和木星（近似）的远日运动提供了音高，也对木星、金星和土星（近似）、地球（在一定程度上）和水星（毫无疑问）的近日运动提供了音高。因为假设现在金星不是在远日运动的而是在近日运动3′3″得到e音。而水星的近日运动也非常接近于它（但超过两个八度），如同第四章末所述。但是，如果从

① 这种关系对列表中忽略的两种情形也成立；它们是2160∶1920＝1728∶1536和2160∶1215＝1728∶972。

金星的近日运动,3′3″,减去十分之一,即18″,余数为2′45″,这是木星的近日运动,它得到 *d* 音;如果加上十五分之一,12″,总和为3′15″,大约是火星的远日运动,它得到 *f* 音。类似的是 *b* 音,它是土星的近日运动和木星的远日运动的差不多相同的调音的结果。[①] 但如果把它的八分之一,即23″,乘以5,便得到1′55″,它是地球的近日运动。[②] 虽然这并不符合前面提到过的那些音阶,因为它既未给出低于 *e* 音的 5:8 音程,也未给出高于 *G* 音的 24:25 音程,但如果现在金星的近日运动,以及类似地,水星的远日运动[③]不按顺序取 ♭*e* 音而不是取 *e* 音,那么地球的近日运动将取 *G* 音,水星的远日运动就在协和音程中了。因为取3′3″的三分之一,1′1″,乘以5得到5′5″,其一半,2′32″+,接近水星的远日运动,在这个不按顺序的调音中将得到 *c* 音。因此,所有这些运动都在同一个音调中相互关联;但是,金星的近日运动[④]与它以前的三个(或五个)运动,即在相同类型模式(也就是在其自身音调)中的那些,与同一行星在远地点的运动(即在硬类型中[⑤])是一样的;而同一颗金星的近日运动,把音程用与前面不同的方式分割[⑥],也就是,并非分为不同的协和音程,而是不同类型的协和音程,即属于软类型的音程。

在本章中提请你注意这些是什么样问题就足够了;至于为什么每一个特征是这样的,以及为什么有和谐,甚至也有细节上的不和谐,将在第九章里用最明白清楚的论证来说明。

---

① 取金星的近日运动,3′3″,表示 *e* 音,2′17″表示 *b* 音。木星的远日运动和土星的近日运动表示恰好低一个音差的音。

② 通过这样的计算,地球的远日运动由比 *e* 音低软六度或 比 *G* 音高一个第西斯的音表示。因为这些音程的总和是 *G* 音和 *e* 音之间的硬六度。 但是,正如开普勒继续指出的那样,这个音不属于他迄今为止描述的音程。

③ 开普勒想说的是水星的近日运动。

④ 应该是远日运动。

⑤ 三个(或五个)较早的运动指土星在远日点和近日点运动,地球和木星的远日运动以及火星的近日运动,对应于 *G*,*b* 和 *c* 音。因为金星的远日运动对应于 *e* 音,它与 *G* 音形成硬六度音程,所有音都是硬音阶的成员。

⑥ 也就是地球的近日运动和水星的远日运动,对应于 *G* 音和 *c* 音。 由于水星的近日运动对应于♯*d* 音,与 *G* 音形成软六度音程,该音域中的所有音都属于软音阶。

第六章
音乐的调式或调已在行星的极端运动中以某种方式表达

· The Musical Modes or Tones have Somehow been Expressed in the Extreme Planetary Movements ·

应当知道开普勒在何等艰难的条件下完成这项巨大的工作。他没有因为贫困,也没有因为那些有权支配他的生活和工作条件的同时代人的不了解,而失却战斗力或者灰心丧气。而且他所研究的课题还给宣扬真理的他带来直接的危险。但开普勒还是属于这样的一类少数人,他们要是不能在每一领域里都为自己的信念进行公开辩护,就决不甘心。

——爱因斯坦

MYSTER·COSMO.
ASTR.P. OPTICA
COM̄ MARTIS.
EPIT. AST. COP.

由前所述已经可以得出行星的极端运动可以表达音乐的调式这个结论，故无须在此多费口舌；因为每颗行星都通过它的近日运动以某种方式对应系统中的一个音高，所以只需要它跨越音阶中的某个固定音程就可以了，这个音程中包括了音阶中一些确定的音或系统中一些确定的音高。参见图6.1。在第五章里，每颗行星都开始于与它的远日运动对应的音或音高，对土星和地球是G音，对木星是b音，但它可以移调到更高的G音，对火星是$^{\#}f$音，对金星是e音；对水星是高八度的a音。我们看到，单一运动都以熟悉的音表示，并未形成清晰的中间位置。当它们做极端运动时，你看到这里充满着音符，因为它们从一个极端到另一个极端不是通过音程的跳跃，而是通过连续的音高变化，实际上历经所有(可能是无限个)中间值。除了用中间音符的一个连续系列，我想不出任何其他方式来予以表达。金星几乎保持等音，其音域从未扩展到哪怕最小的旋律音程。

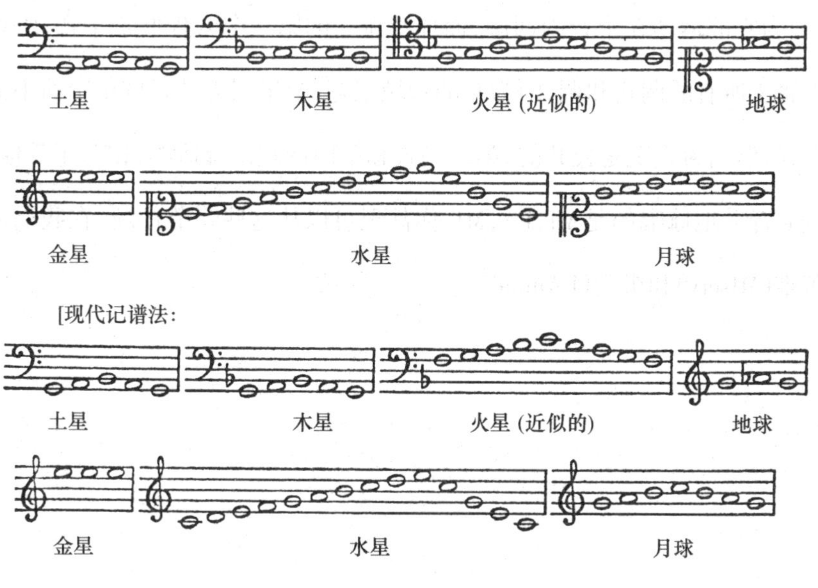

图6.1 诸行星的音程

◀ 在这幅由开普勒亲自为《鲁道夫星表》设计的卷首插画中，开普勒本人被描绘在左下角的地下室里，以示谦逊。但他的桌子上放着一个圆顶模型，提醒人们天文学的顶峰。

在一个公共系统中指定两个音,并在其上张一个确定的协和音程来塑造八度框架,肯定是区分调或调式[①]的第一步。因此,音乐调式已被分配到诸行星中。但我肯定知道,塑造和定义不同调式需要有适合人声旋律的许多东西,也就是包含一些音程,所以我用了词语"以某种方式"。

现在,对每颗行星更接近于表达哪种调式,音乐家可以得出自己的结论,因为各个极端已经确定了。我应该给予土星第七调式或第八调式,因为如果你将它的主音设为*G*音,它的近日运动将达到*b*音;对木星为第一调式或第二调式,因为如果它的远日运动为*G*音,它的近日运动将达到♭*b* 音;对火星为第五调式或第六调式,不只是因为它包含了对所有调式几乎都是常见的纯五度,主要还是因为如果通过它的近日运动上升到 *c* 音,远日运动上升到*f* 音(这是第五调式、第六调式或调的主音),它就与其余的一起约化到一个公共系统中。我应该给地球第三调式或第四调式,因为它的运动在半音内回旋,而那些调式的第一个音程便是半音;水星将无差别地属于所有的调式和调,因为它的音域很宽;金星因为其音域很窄而不清楚有什么调式,但因为系统是公共的,第三调式和第四调式是合适的,相对于其他行星,它得到 *e* 音。[地球唱的是MI,FA,MI,你甚至可以从这些音节推断,在我们的居住地有苦难(MIsery)和饥荒(FAmine)。]

① 调指音阶的主音,调性指硬类型和硬类型(现代为大调和小调),调式就是调加上调性。又见导读(二)中表3和图4及相关的说明。——译者注

第七章

存在与普通四声部对位类似的所有六颗行星的普遍和声

· The Universal Harmonies of All Six Planets may Exist, like Common Quadriform Counterpoint ·

向着您，我转过身来，高贵的开普勒，您的智力创造了一个神圣的精神宇宙，在我们的时代里，被视为智慧的东西是什么？是屠杀一切，使高尚的东西变低微，使低微的东西纷纷扬起，甚至使人类精神在机械的法则之下屈服。

——诺瓦利斯(18世纪德国诗人)

现在,乌拉尼娅[①],当我借助天体运动的和谐阶梯上升到更高境界,我需要一个宏亮的声音,在那里,世界结构的真正原型被设置和保存。跟我来,现代音乐家们,把它归功于不为古人所知的人们在最近这几个世纪里的艺术,经过两千年的酝酿,终于造成了丰富多彩、气象万千的大自然,宇宙整体的第一个真正副本。通过你把各种声音协调,通过你的耳朵,她——造物主最钟爱的女儿,发自内心深处对人类的心智喃喃低语。

(如果我要求当代作曲家创作精巧的赞歌而不是铭文,我有罪过吗?皇家诗篇和其他神圣书籍将能够提供合适的歌词。然而请注意,天体和声中的声部不能超过六个。因为月球单独吟唱,就像婴儿在摇篮中陪伴着地球。作曲吧!为了使这本书得以推进,我保证做这六个声部的热心监护者。如果有人能够更好地表达本书中描述的天上的音乐,克里奥[②]承诺献上桂冠,乌拉尼娅承诺让维纳斯做他的新娘。)

上面已经说明了两颗相邻行星在它们的极端运动间有什么样的和谐比。然而,两颗行星,尤其是最缓慢的行星,同时到达它们极端距离的情形十分罕见。例如土星和木星的两个拱点相距约81°。因此,由确定的二十年的跳跃[③]用它们之间的距离量尽整个黄道,须经过八百年时光。[④]然而,终结于八个世纪后的跳跃可能没有精确到达真正的拱点;如果有一点点不合适,我们就必须等待又一个八百年,那时将有可能找到比前一次更幸运的一个跳跃,而这必须重复多次,直到误差在半

◀ 鲁道夫二世。他是第谷和哥白尼的重要资助者。

① 乌拉尼娅(Urania)是古希腊神话中的天文学女神。

② 克里奥(Clioo)是古希腊神话中的历史学女神。

③ 跳跃(leap)在这里指两颗行星相距一个多次重复的角度,这里是240°。参看下一个注。——译者注

④ 设土星和木星的周期分别为30年和12年,行星将在20年后回到相同的相对位置。在这种情况下,每次跳跃会是240°,行星将在三个跳跃或60年后回到黄道带上相同的位置。然而,采取更精确的周期长度,每个跳跃都是243°,故需要40次跳跃或800年使两颗行星回到黄道带上相同的位置。但由于不均匀性,在行星的两个运动之间的跳跃不完全相等,所以直到800年时间里的累积差异达到圆周的三分之一,也就是需要半个跳跃,才会回到黄道带上的同一位置。因为从该点的240°跳跃意味着回到原始位置。

个跳跃的范围之内。其他行星对也有类似的周期,虽然没有那么长。然而同时,两颗行星的其他和谐比也会出现,它并非在两个极端运动之间,而是涉及了一个或两个中间运动,以及在那些不同的调音之中。由于土星从*G*音趋向到*b*音及稍高,木星从*b*音到*d*音及更高。因此,在木星和土星之间可能出现以下附加在八度之上的协和音程:两个三度中的一个或纯四度。[①]事实上,两个三度中的任何一个都可以通过对涵盖另一个的音域的调音产生,而纯四度可以发生在超过大全音的音域之外。[②] 因为这里有一个纯四度,不仅从土星的*G*音到木星的*cc*音,也从土星的*A*音到木星的*dd*音,以及从土星的*G*音到*A*音和从木星的*cc*音到*dd*音的所有中间音。但是,八度和纯五度只在拱点存在。不过有较大固有音程的火星可以通过一定程度的调音与上方行星形成一个八度。[③] 水星有足够大的音程,这使它可以在一个周期(不大于三个月)内与所有行星建立几乎所有协和音程。另一方面,地球,尤其是金星,由于音域很小,不仅它们与其他行星,而且尤其在它们彼此之间,协和音程都为数甚少。但如果三颗行星必须处于单一和声中,必定要经历多次轮换。

然而,当所有最接近的行星赶上它们的邻居时,存在着许多和声,所以和声的出现要容易得多;火星、地球和水星之间的三重和声似乎相当频繁地发生。四颗行星的和声现在开始在许多世纪里零星出现,五颗行星的和声则出现在许多万年里。所有六颗行星的和声在很长时间里都不会发生,而且我完全不知道它是否有可能发生两次,这更证明了时间有一个开端,世界的每个年代都从那里开始向下延续。[④]

但是,如果只可能出现一个六重和声,或者只有一个值得注意,它毫无疑问可以被视为创世特征。因此我们必须探究,所有六颗行星的运动是否可以组合成一

① 在指定与运动相对应的音时,开普勒容许跨越一个或多个八度。

② 土星的最低音*G*和土星最高音*d*之间的间隔(忽略八度音程的差异)是一个五度。五度是大三度和小三度的组合,也是四度和大全音的组合。

③ 土星的*G*音和*A*音实际上与火星a^3音和g^3音构成了四个八度,而木星的c^1音与火星的c^4音构成三个八度。

④ 开普勒之前曾在《宇宙的奥秘》(1596)中讨论过世界的起源,他在该书第二版(1621)的注中又对此作了评论。

个普遍和谐？如果可以的话，有多少种模式？探究方法从地球和金星开始，因为它们两个不会形成多于两种协和音程，并且这两种音程（包含这种现象的原因）是通过运动的十分短暂的巧合而产生的。

因此，让我们首先建立两个所谓和声框架，每个都由一对极端数字界定，它们指定了调音的范围，让我们从对每颗行星许可的各种各样的运动中找出在它们之中的东西。设在第一个框架中地球与金星之间的比是3∶5，最低的调音是地球在远日点的周日运动，57′3″，最高的调音是金星的近日运动，97′37″①。其余见表7.1和表7.2。

表7.1 所有行星的和声或硬类型的普遍和声（Ⅰ）

为使b音在和声中	在最低的调音	在最高的调音	现代记谱法
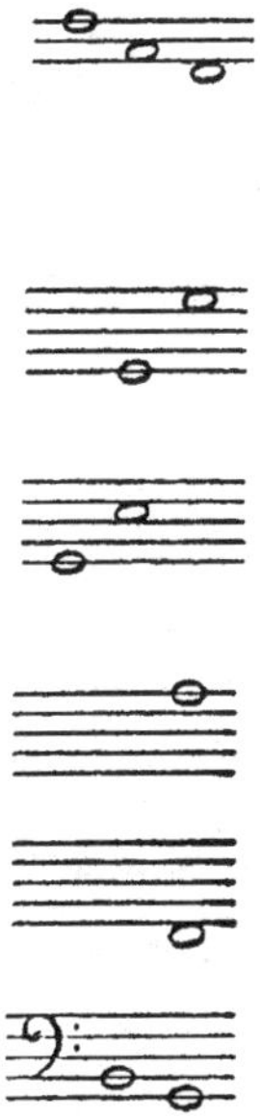	380′20″		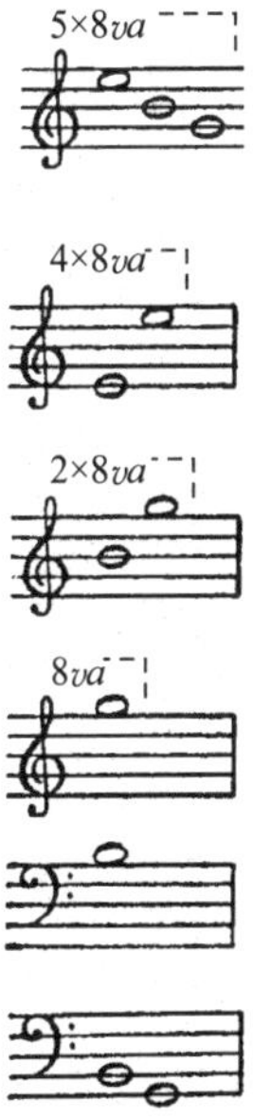
水星 c^7	385′15″	292′48″	5×8*va*
b^6	228′12″	234′1″	
g^6			
e^6	190′10″	195′14″	4×8*va*
金星 e^5	95′5″	97′37″	
地球 g^4	57′3″	58′34″	2×8*va*
火星 b^3	35′39″	36′36″	
g^3	28′32″	28′32″	8*va*
木星 b		29′17″	
土星 B	2′14″		
G	1′47″	1′49″	

包括在普遍和声中的运动如下：土星的远日运动，地球的远日运动，金星的远日运动几乎是；在最高的调音中，金星的近日运动几乎是；在中间调音中，土星的近日运动，木星的远日运动，水星的近日运动。因此，土星有两个运动包括在其中，火星有两个，水星有四个。

① 地球的远日与金星的近日视周日运动之比不是3∶5。对于最低的调音，开普勒取地球的g^1音表示它57′3″的周日运动。在这种情况下，金星的e^5音表示它95′5″的周日运动，略低于真实值。另一方面，最高的调音使金星的e^5音表示它97′37″的周日运动，而地球的g^4音表示它58′34″的周日运动，略大于真实值。

表7.2 所有行星的和声或硬类型的普遍和声(Ⅱ)

为使c音在和声中	在最低的调音	在最高的调音	现代记谱法
水星 c^7	380′20″		5×8va
c^7	304′16″	312′21″	
g^6	228′12″	234′16″	
e^6	190′10″	195′14″	4×8va
金星 e^5	95′5″	97′37″	
地球 g^4	57′3″	58′34″	地球 g^4 b^8
火星 c^4	38′2″	39′3″	
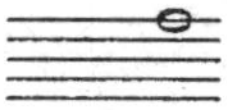 g^3	28′32″	29′17″	 8va
 木星 c^1	4′45″	4′53″	
土星 G 	1′47″	1′49″	

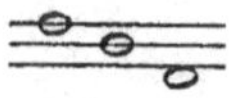

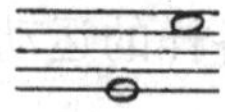

这里,其余部分保持不变,但土星的近日运动和木星的远日运动不包括在内,代替它们的是火星的近日运动。

包括在其中的其余单个运动:火星有两个,水星有四个。

第二个框架将是地球与金星的另一种可能的和谐比5∶8。在这种情况下,金星在远日点的周日运动94′50″的八分之一,11′57″+,乘以5与地球的运动59′16″匹配,而金星的近日运动97′37″的类似部分,匹配了地球的运动61′1″。因此,其余行星与下面的周日运动构成和谐比。见表7.3和表7.4。

表 7.3 所有行星的和声或硬类型的普遍和声(Ⅲ)

*b*音在和声中	在最低的调音	在最高的调音	现代记谱法
水星 ${}^{b}e^7$	379′20″		5×8va
水星 ${}^{b}b^7$	284′16″	292′56″	
水星 g^6	237′4″	244′4″	
水星 e^6	189′40″	195′14″	4×8va
金星 e^5	94′50″	97′37″	
地球 g^4	59′16″	61′1″	2×8va
火星 ${}^{b}b^4$	35′35″	36′37″	
火星 g^3	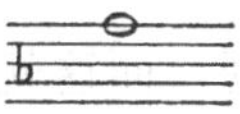 29′38″	30′31″	 8va
木星 ${}^{b}b^1$		4′35″	
土星 ${}^{b}b$	2′13″		
土星 G	1′51″	1′55″	

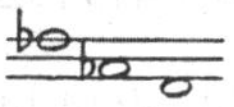

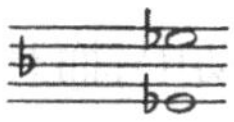

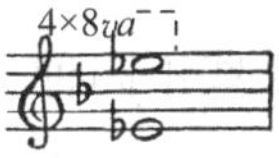

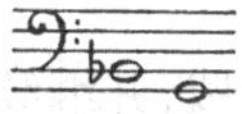

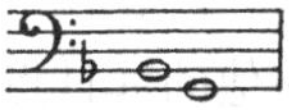

这里,在中等调音,土星的近日运动,木星的远日运动,水星的近日运动包括在其中。在最高的调音,地球的近日运动几乎包括在其中。

表 7.4 所有行星的和声或硬类型的普遍和声(Ⅳ)

为使*c*音在和声中	在最低的调音	在最高的调音	现代记谱法
水星 ${}^{b}e^7$	379′20″		5×8va
水星 c^7	316′5″	225′26″	
水星 g^6	237′4″	244′4″	
水星 ${}^{b}e^6$	189′40″	195′14″	4×8va
水星 c^6		162′43″	
金星 ${}^{b}b^5$	94′50″		
地球 g^4	 59′16″	61′1″	 2×8va
火星 g^3	 29′38″	30′31″	 8va
木星 c^1	 4′56″	5′5″	
土星 G	 1′51″	1′55″	

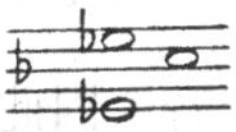

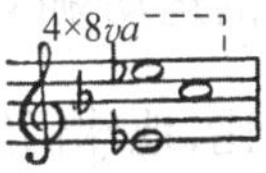

这里,木星的远日运动和土星的近日运动也被去除,水星除了近日运动,远日运动也几乎被接纳。其余保持不变。

于是，天文学的经验见证了所有运动的普遍和声都可能发生，并且有硬和软两种类型，更兼每种类型都有两种形态或者两种音调（如果容许这样说）；并且在四种情况中的任何一种，都有一定的调音余地，尤其是土星、火星和水星相互之间特定和谐比的某些不同种类。不仅显现在中间阶段的运动中，而且绝对也在所有极端运动中，除了火星的远日运动和木星的近日运动；由于前者有 #*f* 音，后者有 *d* 音，永远有中间的 # *d* 音或 *e* 音的金星，不会容许那些不协和的邻居出现在普遍和声中，而这种情况只当有超出 *e* 音或 # *d* 音的余地时才可能出现。而这就是地球和金星作为雄性和雌性相结合的障碍，并且它们是以调性区分的两颗行星，也就是其一硬而阳刚，另一软而阴柔。这就好像是配偶中的一方为另一方做了一件好事。也就是说，要么地球在他的远日点，可以说是维护了他的雄性权威，并继续做男人应该做的事情，把金星推到近日点，如同把她放逐；要么地球彬彬有礼地允许金星上升到她的远日点，自己则下降到他的近日点，朝着金星的方向，并在她的怀抱中，亲热一番，暂时放下他的盾牌和武器，或者放下那些适合男人的任务；因为那时的和谐是软类型的。①

但是，如果我们命令这位喜欢挑战的维纳斯女士保持沉默，也就是说，如果我们把金星的运动剔除在外，即不考虑在所有行星中，但至少在剩下的五颗中可能存在的和谐比，地球仍然在它的 *g* 音附近徘徊，并未升高半音。因此，♭*b*，*b*，*c*，*d*，♭*e* 和 *e* 音仍然可以与 *g* 音协和，在这种情况下，如你所见，可以容许木星用它的近日运动表示 *d* 音。火星的远日运动仍有困难。因为地球的远日运动有 *g* 音而不容许火星的近日运动有 #*f* 音，但如同前面第五章所述，要与火星远日运动相和谐，这相差大约半个第西斯。见表7.5和表7.6。

①开普勒在这里把地球看成雄性，故用“他”来指代，把金星看成雌性，故用“她”来指代。——译者注

表 7.5 除金星以外五颗行星的硬类型和声（Ⅰ）

		在最低的调音	在最高的调音	现代记谱法
水星	d^7	342′18″	351′24″	5×8va 225′26″
	b^6	285′15″	292′48″	244′4″
	g^6	228′12″	234′16″	
	d^6	171′9″	175′42″	4×8va 195′14″
金星，不协和 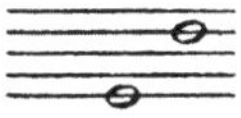 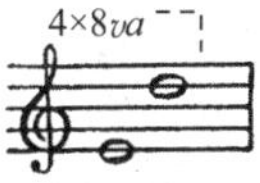	e^5	94′5″	97′37″	162′43″
地球	g^4	57′3″	58′34″	 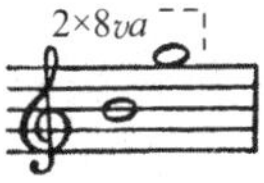 2×8va 61′1″
火星	b^4	35′39″	36′36″	30′31″
	g^3	28′31″	29′17″	8va
木星	d^1	 5′21″	5′30″	5′5″
	b^1		4′35″	1′55″
土星	B	2′13″		
	G	1′47″		

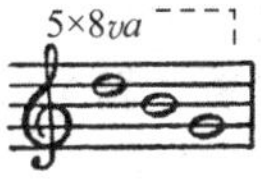

这里，在最低的调音，土星和地球的远日运动包括在其中；在中间调音，土星的近日运动，木星的远日运动包括在其中；在最高的调音，木星的远日运动包括在其中。

表 7.6 除金星以外五颗行星的硬类型和声（Ⅱ）

		在最低的调音	在最高的调音	现代记谱法
水星	d^7	342′18″	351′24″	5×8va
	b^6	273′50″	280′57″	
	g^6	228′12″	234′16″	
	d^6	171′9″	175′42″	4×8va
金星，不协和  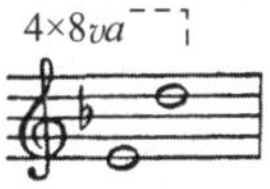	e^5	95′5″	97′37″	
地球	g^4	57′3″	58′34″	2×8va
火星	b^3	34′14″	35′8″	
	g^3	 28′31″	29′17″	 8va
木星	d^1	 5′21″	5′30″	
土星	B	2′8″	2′12″	
	G	1′47″	1′50″	

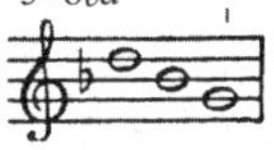

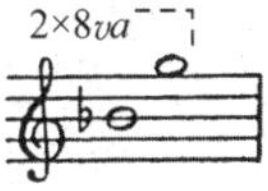

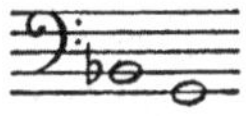

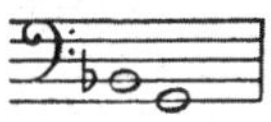

这里，木星的远日运动不包括在其中，但在最高的调音中，木星的远日运动几乎包括在其中。

然而，也可以有四颗行星，即土星、木星、火星和水星的和声，这也将包括火星的远日运动；但它没有调音的余地。见表7.7和表7.8。

因此，天上的运动不过是对不和谐调音的永久性和谐。这里的不和谐调音指例如人们用来模仿自然界的不和谐性的一些切分音或不完满终止，永久性和谐指思维的而不是声音的，趋向于对六个声部（在声乐方面）的明确和预定地单独解决，并用那些音符标识和区分无限的时间。所以不足为奇，效仿造物主，人类终于找到了一种古人不知道的和声歌唱方法，于是人类可以在不到一小时内用一个多声部音乐会演绎整个宇宙的永恒，并通过最令人快乐地享受音乐（对上帝的创造物的模仿）的愉悦感，在一定程度上体验上帝造物主对祂的作品的满足感。

表7.7 水星、火星、木星、土星的和声（Ⅰ）

为了使*b*音在和声中			现代记谱法
水星	d^7 b^6	 335′50″ 279′52″	 5×8*va*
	$^\#f^6$ d^6	 209′52″ 167′55″	 4×8*va*
火星	b^3	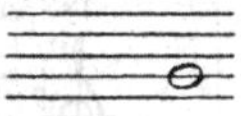 34′59″	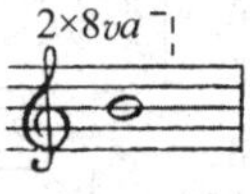 2×8*va*
	$^\#f^3$	 26′14″	 8*va*
木星	d^1	 5′15″	
土星	*B*	 2′11″	

表7.8 水星、火星、木星、土星的和声(Ⅱ)

为了使*a*音在和声中		现代记谱法
水星	d^7 a^6 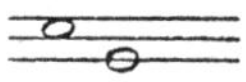 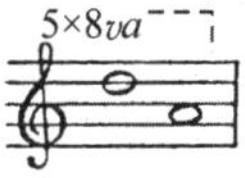	5×8*va*
	$^{\#}f^6$ d^6 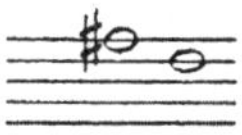 	4×8*va*
火星	a^3  	2×8*va*
	$^{\#}f^3$	8*va*
木星	d^1  	
土星	A  	

1577年，开普勒目睹了曾引起欧洲天文学家注意的大彗星。

第八章
在天上的和声里，哪些行星分别代表女高音、女低音、男高音和男低音？

· *In the Celestial Concords which Planet Sings Soprano, which Alto, which Tenor, and Which Bass?* ·

而且与人声歌唱不同，实在没有理由要求在天上有一定数量的声部来构成和声。尽管如此，因为某种未知的理由，与人声旋律的这种奇妙契合促使我追求在这方面的比较，即使没有充分的自然原因。

——开普勒

这些名称描述了人声歌唱的各个声部,但因为运动是绝对安静无声的,人声和乐声在天上并不存在;而且即使我们检测到的和谐现象也不属于真实运动的范畴,因为我们事实上只考虑在太阳上看到的视运动;而且与人声歌唱不同,实在没有理由要求在天上有一定数量的声部来构成和声。事实上,正是五个正多面体造成的间隔决定了环绕太阳运行的六颗行星这个数目,然后(由大自然而不是由时间)解决运动的一致性。尽管如此,因为某种未知的理由,与人声旋律的这种奇妙契合促使我追求在这方面的比较,即使没有充分的自然原因。

那些在本书第三卷第十六章里习惯性地归属于男低音,并由大自然论证的性质,在某种意义上由天上的土星和木星持有;我们又在火星中找到了男高音的那些性质;女低音的那些性质在地球和金星中出现,而女高音的那些性质由水星持有,如果不是在音域上相等,肯定是成比例的。这是因为,在下一章(第九章)里,每颗行星的偏心率将由对其恰当的原因导出,并由之得出对每颗行星合适的运动区域,而这导致了一个美妙的结果,可是我不知道这是否故意如此,而不只是因为必要性所导致:

(1)因为男低音与女低音相反,于是由于两颗行星有女低音的性质,那么就有两个男低音,就像在任何一种音乐中那样,每一边都有一个声部;其他单一声部有单一表示。

(2)女低音在一个狭窄的音域里几乎是最高的,故由于在第三卷中说明的必要和自然的原因,几乎在最里面的行星——地球和金星,有最窄的运动范围。地球不超过一个半音,金星甚至不到一个第西斯。

(3)男高音可以自由发挥,其音域适中,除了水星之外,火星可以产生最大的音程,也就是纯五度。

◀ 克里斯蒂安(Christian)四世。他刚即位就剥夺了老国王给予第谷在汶岛建造和使用天文台的特权,迫使第谷远走布拉格。

(4)男低音可以做和声跳跃,而土星和木星有和声音域,从八度到八度加五度不等。

(5)由于女高音与其他声部相比可以最自由地发挥,同样也是最快的,而水星也可以在最短时间里跨越八度,并且又很快返回。

但是,所有这些都只是随口说说,现在让我们来听听偏心率的起因吧。

第谷出生地。1546年12月14日第谷出生于丹麦斯科讷（Skane, 今属瑞典）一个贵族家庭，自幼受到良好教育，喜欢观察星辰。1560年8月，他根据预报观察到一次日食，这使他对天文学产生了极大的兴趣。

第谷的脾气十分暴烈，有一次他与同学因为争论谁是最好的数学家而用剑决斗，他的鼻子因此被削掉一块。图为装着假鼻子的第谷。

位于布拉格的第谷和开普勒的雕像。开普勒曾经这样称赞他的老师：“第谷掌握了最好的观察资料，这就如他掌握了建设一座大厦的物质基础一样。”

这是一幅大型壁画，展示了第谷建于1582年的出色的仪器。

在瑞典南部的斯科讷（Skane），有一个叫汶岛的小岛，著名的第谷博物馆坐落于此。1576年，丹麦国王腓特烈二世把这个小岛送给第谷，从此，岛上的土地就属于第谷的私人财产。第谷利用自己的知识，在岛上开展天体运行的测量。最初，只有几个助手，后来他发现只有通过常规的测量，才能发现天体的运行规律。利用得天独厚的优势，第谷让岛上的居民晚上为他测量，白天则为他整理资料。世界上最早的科研团队——第谷天文台就这样诞生了。

第谷的天文城堡，名叫Uraniborg。 上图是Uraniborg的正视图，下图是第谷拟为Uraniborg建立的花园全景。

第谷的great globe，是Uraniborg 城堡中最引人注目的部分。

资助第谷建造了巨大观天城堡的丹麦皇帝——腓特烈二世。第谷为了感谢他，为他的三个王子仔细地编制了星位图。

1588年腓特烈二世死后，11岁的新国王在一个摄政委员会辅助下执政，委员会主席与第谷关系不好而导致第谷与王室关系日益疏远。最终第谷不得不于1597年带着部分仪器离开他的天文城堡在朋友处暂住，其间出版了一本书详细描述了他的仪器。1599年，第谷应神圣罗马帝国皇帝鲁道夫二世邀请，在布拉格附近建了一个新的天文城堡。他在那里工作到1601年去世。后世研究证实，他是因为在王宫喝酒过多又不好意思上厕所而被尿憋死的。图为腓特烈二世之墓。

1599年，第谷来到布拉格，任鲁道夫二世的御前天文学家。

表现成“四季之神”的鲁道夫二世画像（罗马神话中的四季之神掌管着四季变化，又称庭园和果树之神）。这幅画像由画家朱塞佩·阿尔金波尔多（Giuseppe Arcimboldo）作于约1590年，特别受到鲁道夫二世的推崇。

《鲁道夫星表》（*Rudolphine Tables*，将星表命名为鲁道夫，是为了纪念第谷的赞助人鲁道夫二世）中的卷首插图。图中天文神殿中是开普勒的前辈们：前排左二是哥白尼，左三是第谷，他正指向天花板，那里表示了他的行星体系，哥白尼则鼓励开普勒将太阳置于行星体系的中央。神殿中间吊着一枚特大的硬币，象征皇帝提供的财政资助。在顶上环绕站立的六个女神，分别代表开普勒在六个领域做出的成绩。

《鲁道夫星表》中的世界地图。在开普勒的时代，行星理论的传统目的是制作精确的星表。正是在这个意义上，《鲁道夫星表》是开普勒一生工作的顶峰。

布拉格附近的Cliff-top Benatky城堡，鲁道夫二世赐给第谷，在此建立了第二个星堡。

第谷建造的第二个星堡 Stjerneborg，又称Star Castle。

1601年第谷逝世，他把自己所有的天文观测资料赠给开普勒。开普勒留在布拉格编制星表，研究行星的轨道。1627年他的《鲁道夫星表》问世，比当时通行的星表都要准确。开普勒曾经写道："我们应该仔细倾听第谷的意见。他花了35年的时间全心全意地进行观测……我完全信赖他，只有他才能向我解释行星轨道的排列顺序。"

瑞典隆德大学的天文台，其门前立有第谷雕塑。（刘立 摄）

1630年11月，开普勒在雷根斯堡发高热，几天后去世，葬于当地的一家小教堂。他为自己撰写的墓志铭是：“我曾测天高，今欲量地深。上天赐我灵魂，凡俗的肉体安睡地下。”

10欧元银币上的开普勒像。

世界各国为纪念开普勒而发行的邮票。

为了纪念开普勒，2009年3月6日发射的观测太阳系外行星的太空望远镜，被命名为开普勒太空望远镜。

2009年，美国国家航空航天局（NASA）为纪念开普勒在天方学领域的贡献而命名的“Kepler Mission”。

新西兰峡湾国家公园（New Zealand's Fiordland National Park）的一处山脉被命名为“开普勒山”，还有一条“极好步行道”被命名为“开普勒步行道”，这是一条步行需要3~4天的环形路线，为纪念“开普勒轨道”而得名。

第九章
当单颗行星安排它们的运动之间的和谐时产生偏心率

· *Genesis of the Eccentricities in the Single Planets from the Procurement of the Consonances between their Movements* ·

无论在何处，无论是单颗行星还是成对行星的极端运动，都应当确立所有种类的和谐性，以使这种多样性为世界增光添彩。

所有行星都有自己的偏心率，不仅它的黄纬运动，而且它到太阳(运动之源)的距离，都因偏心率的不同而有所不同。

——开普勒

因此我们看到，所有六颗行星的普遍和声不可能是意外的结果，尤其是在它们的极端运动的情形下，正如我们所看到的，除了包括在最接近普遍和声的和声中的两颗行星，其余行星都包括在普遍和声中。此外，借助谐音分割得到的八度音阶系统中的所有音（如在第三卷中确定的），都可以由行星的极端运动表示，而这一点，极不可能是偶然发生的；然而最不可能偶然发生的是，天上的和声非常精妙地分为两种类型——硬的和软的，但却没有独一无二的造物主的干预。因此可以知道，造物主，是一切智慧的源泉，是秩序的持续制订者，是几何与和谐的永恒超然的源泉。我说，祂自己正是那个天上的能工巧匠，把来自平面正多边形的和谐比，与五个正多面体相关联，并由这两种东西塑造出一个最完美的天空的原型。在其中，正像通过五个正多面体滋生了六颗行星在其上运行的天球的想法一样，也通过平面图形得出了和谐比，根据第三卷中的推导，由这些平面图形可以确定单颗行星的偏心率，使诸行星的运动比例协调。从这两样东西中产生了一个单一的和谐，轨道的较大比并不排斥偏心率的较小比，偏心率是安排和谐所必需的；相应地，与每个多面体有较密切关系的和谐比，正是主要与行星匹配的那些。于是这可以通过和谐性得到；而且按照这个逻辑，无论是轨道之比还是它们各自的偏心率，最终都同时来自原型，而各自的周期是由轨道的宽度和行星的体积决定的。

当我努力通过传统的几何学步骤使这一论点为人类理解时，祈愿天的创造者本尊，悟性之父，凡人感觉的赐予者，不朽和被至尊祝福的祂，请善待我们，阻止我们思想中的黑暗带入与祂的工作有关，但与祂的威严不相称的任何东西，并使我们作为上帝的模仿者，可以通过生命的圣洁来效仿祂的作品的完美。为了这个目的，祂在这片土地上选中了祂的教堂，用祂儿子的鲜血净化了罪孽，在圣灵的帮助下，

◀ 第谷正在观察于1572年突然出现在天空的新星（木版画）。开普勒在布拉格成为第谷的助手并在其去世后继承了他的全部天文资料。

我们得以远离所有敌意、争论、对抗、愤怒、吵架、纠纷、宗派主义、嫉妒、挑衅和恼人的玩笑，以及人性的其他弱点。而凡有基督精神的人不仅会分享这些愿望，还会努力付诸行动，肯定他自己的使命，摒弃所有小派系的一切恶毒行为，哪怕它假借了任何似是而非的理由，例如做作的热忱、对真理的热爱、独特的博学、尊重有争议的老师，等等。圣父，保持我们彼此相爱一致和谐，愿我们合而为一，正如祢和祢的圣子、我们的圣主和圣灵合而为一，正如祢用这美好和谐的纽带做所有祢的工作；从而由祢的人民重建的和谐，使祢的教堂可以建立在这个地球上，就像祢用和谐构建了天本身。

先验理由

公理1. 以下说法成立：无论在何处，无论是单颗行星还是成对行星的极端运动，都应当确立所有种类的和谐性，以使这种多样性为世界增光添彩。

公理2. 六个天球之间的五个区间，其大小应该在一定程度上与内接和外切五个正多面体的几何球体之比相对应，并遵循多面体本身的自然顺序。

关于这一点，见第一章，以及《宇宙的奥秘》和《天文学概论》第四卷。

命题3. 地球与火星之间以及地球与金星之间的距离，与它们的天球相比应该是最小的，而且彼此几乎相等；土星与木星之间以及金星与水星之间的距离居中，而木星与火星之间的距离最大。

这是因为，由**公理2**，在位置上对应于其几何球体有最小比多面体的行星，必定类似地有最小比；那些对应于中等比的多面体有中间比；那些对应于最大比的多面体有最大比。适用于十二面体和二十面体的比也适用于以下两对行星，一对是火星和地球，另一对是地球和金星；适用于立方体和八面体的比也适用于土星和木星对以及金星和水星对；最后，适用于四面体的比也适用于木星和火星对，见第三章。因此，最小比将在火星与地球和地球与金星之间；但土星与木星之间的比几乎等于金星与水星之间的比；最后，木星与火星之间的比最大。[①]

公理4. 所有行星都有自己的偏心率，不仅它的黄纬运动，而且它到太阳（运动之源）的距离，都因偏心率的不同而有所不同。

正如运动的本质不在于**是什么**，而在于**成为了什么**，给定行星在它的运动中经过的区域的外观或形状，并不从一开始就**成为**立体的，而是随着时间的推移，最终不仅得到了它的长度，而且得到了它的宽度和深度，形成了完整的三个维度；经过许多次循环的连接和积累，形成了与太阳同心的一个凹天球，[②] 就像蚕丝的许多圈，彼此相连并缠绕在一起，就成了蚕的居所。

命题5. 每对相邻的行星都分配到两个不同的和谐比。

因为由**公理4**，每颗行星都有到太阳最远和最近的距离。因此，由本书第三章，它也会有最慢的和最快的运动。所以，对极端运动可以作两种主要的比较，一种在两颗行星的相背运动之间，另一种在相向运动之间。二者必定不同，因为相背运动之比较大，相向运动之比较小。而在不同的行星对中必定有不同的和谐性质，故这种多样性也可以为世界增光添彩，由**公理1**，也根据**命题3**，两颗行星之间的距离有不同的比。但对于各个天球之间每个确定的比，由其数量关系会有一个对应的和谐比，如本书第五章所示。

① 命题3有点费解。由前文和导读（二）表5容易算出，四面体的内外球之比为3，立方体与八面体的都是$\sqrt{3}=1.7321$，十二面体和二十面体的都是$\dfrac{\sin\frac{\pi}{5}}{\cos\frac{\pi}{5}}=\sqrt{\dfrac{2(5-\sqrt{5})}{1+\sqrt{5}}}=1.2584$。记住这几个数字是有用的，因为后文一再提及。但文中所述行星间距离与天球之比的定义不明确，因为间距只有一个，行星则有两颗。译者尝试了各种组合，未得出肯定的结论。好在命题3在后面很少用到，而且用多面体诠释行星轨道的尺寸这个尝试本来就不甚成功，也许不必对此深究了。——译者注

② 古人一向认为行星在各自的球面上运行，当然现在很清楚，行星各自在略微倾斜于黄道平面（小于七度）的不同平面上沿着椭圆轨道运动。——译者注

命题6. 最小和谐比中的两个,4:5和5:6,不会在行星对中出现。

因为

$$5:4 = 1000:800,$$

以及

$$6:5 = 1000:833。$$

但十二面体和二十面体的外接球与内切球的半径比是较大的1000:795,等等,这两个比值标识彼此最接近的行星天球之间的区间或最小距离:因为在其他正多面体中,两个球彼此相距更远。但是在这种情况下,由第三章第十三款,运动之比更大于距离之比,除非偏心率与球之比的范围很大。因此,运动的最小比大于4:5和5:6。所以这两个和谐比事实上被正多面体所禁止而不能在行星中出现。

命题7. 纯四度协和音程不能在行星对的相向运动中出现,除非两颗行星极端运动固有比的复合大于纯五度。

设相向运动之比是3:4。首先设轨道无偏心,对单颗行星的运动没有固有比,[①]但相向运动与平均运动相同;由此可知,相应的距离,按这个假设将是天球的半径,是这个比值的$\frac{2}{3}$次方,也就是4480:5424(由第三章)。但这个比已经小于任何正多面体的两个球之比[②]。这样,整个内天球将被内接于任何外天球的正多面体的面切割,而这与**公理2**相悖。

其次,设它们的极端运动之比的乘积是一个确定的量;并设相向运动之比为3:4或75:100,但对应距离之比为1000:795,因为没有一个正多面体在其两球之间有较小的比。且因为运动之比的倒数超过距离之比的因子是750:795,因此设也

① 恒为1。——译者注

② 根据第三(和谐)定律,$\frac{r}{R}=\left(\frac{3}{4}\right)^{\frac{2}{3}}\approx 0.8255$,(而4480:5424 ≈ 0.8266,这些数字现在都很容易用计算器得到,无须参考第三章。——译者注)而这大于0.795。然而,开普勒认为0.826是较小的比,因为它更接近于1。

按照第三章的原则用这个因子除1000∶795，得到的商是9434∶7950，即两球之比的平方根。这个比的平方是8901∶6320，或者10000∶7100，这就是二球之比。用它除相向距离之比1000∶795，商是7100∶7950，大约是一个大全音。为了使相向运动之间有可能是纯四度，平均运动与每一侧相向运动之比的复合至少要这样大。因此，相背极端区间与相向极端区间的复合是这个比的平方根，即两个全音；而相向区间是它的平方，大于纯五度。因此，如果两个相邻行星固有运动的复合小于纯五度，它们的相向运动之间将不可能有纯四度。

命题8. 土星和木星应该有和谐比1∶2和1∶3，即八度和八度加五度。

因为它们本身就是第一批和最外的行星，它们得到第一章的第一个图形——立方体；而这些和谐比在自然界的顺序中最靠前，是多面体两大家族（一为二分形或四分形，另一为三分形）的首脑，如本卷第一章中所述。但是，作为首脑的八度，1∶2，与立方体二球之比的二分之三次方，$1:\sqrt{3}$，相比起来稍大。因此，由第三章第13款，它适合于作为立方体行星运动的较小比，于是1∶3为较大比。

然而，同样的结论也可以这样得到：如果某个和谐比如同多面体的内外球之比，就像从太阳上看到的视运动之比如同平均距离之比，这种和谐比将理所当然地被赋予运动。但是由第三章末尾的论述，相背运动之比很自然地应该远大于内外球之比的二分之三次方，也就是它接近于内外球之比的平方；此外，1∶3是立方体内外球之比$1:\sqrt{3}$的平方。因此，土星与木星的相背运动之比是1∶3。见前面第二章，其中叙述了这些比与立方体之间的种种其他关系。

命题9. 土星与木星的极端运动的固有比之复合应该是约2∶3，一个纯五度。

这是从前面所述得出的；木星的近日运动是土星的远日运动的三倍，而木星的远日运动是土星的近日运动的两倍，把1∶2与1∶3反向复合给出2∶3。

公理10. 如果在其他方面的选择是自由的，上方行星运动的固有比在本质上是优先的，或者是更重要的种类，甚至是更优异的。①

命题11. 土星的远日运动与它的近日运动之比是4:5，硬三度，木星固有运动之比是5:6，软三度。

因为它们的复合等于2:3，但是2:3的谐音分割只有4:5和5:6；因此由**公理1**，上帝兼和谐制作者把和谐比2:3和谐地分割，且较大的也是较优秀的硬类型和谐部分是雄性的。祂把它给予更大更靠外的土星，而较小者5:6被给予更靠内的木星（由**公理10**）。

命题12. 金星与水星应该有大的和谐比1:4，两个八度。

这是因为，由本书第一章，立方体是第一个原生正多面体，八面体是第一个次生正多面体。从几何上考虑，立方体在外层，八面体在内层，也就是说，后者可以内接在前者之中，在世界中，土星和木星确实也是上方和外行星的开始，或者说从外部的，而水星和金星是下方和内行星的开始，或者说从内部的，介于它们路径之间的是八面体，见第三章。因此，金星和水星应该有一个与八面体同宗②的原生和谐比。此外，在1:2和1:3之后的和谐比中，按自然顺序是1:4，与立方体的1:2同宗，因为它们来自同一类多边形——四边形，并且1:4与1:2可公度，即后者是前者的平方；而八面体与立方体同宗并且与之可公度。此外，1:4也因为一个特殊原因与八面体同宗，因为在八面体中隐藏着四边形，而隐藏在八面体中的四边形的内外圆之比是$1:\sqrt{2}$。

因此和谐比1:4是这个比的连续平方，也就是$1:\sqrt{2}$的四次方，见第二章。所以，1:4属于金星和水星。由于1:2是立方体的两个和谐比中的较小者，所以在八

① 在行星球之间拟合正多面体时，开普勒从上方行星开始。他解释说，因为恒星区域是地球之外宇宙的最重要的部分，作为原生正多面体中第一个的立方体，应该最接近于恒星球并确定了距离的第一个比，即土星与木星的距离之比，见《宇宙的奥秘》，第五章。因此，行星的自然顺序被定为从外向内。开普勒需要本公理在下一个命题中决定哪一颗行星应该有硬三度，哪一颗有软三度。

② 同宗的英译名是akin或cognate，表示有一些共同点，但并无严格数学定义。这里指都与四边形有关，后面也指都具有三线立体角，是一对配偶（例如十二面体和二十面体），等等。——译者注

面体中,比值1:4现在是两个和谐比中的较大者。1:2是较小者而1:4是较大者的原因是,它们分别对应于最外和最内位置。但这也是这里给出1:4作为较大和谐比而不是较小和谐比的理由。由于八面体的内外球之比是1:$\sqrt{3}$,故若假设八面体在行星之间的镶嵌是完美的(虽然其实不完美,而是在一定程度上穿透了水星的天球,但这对我们是有利的),则相向运动之比必定小于1:$\sqrt{3}$的二分之三次方。但事实上1:3就是1:$\sqrt{3}$的平方,因此大于精确的比;而1:4更大于精确的比,因为它大于1:3。于是,在相向运动之间甚至不能有1:4的平方根。所以,1:4不能是八面体中较小的比,故它是较大的比。

此外,1:4与八面体正方形的平方同宗,因为其内外圆之比是1:$\sqrt{2}$,正如1:3与立方体同宗,因为其内外球之比是1:$\sqrt{3}$。由于1:3是1:$\sqrt{3}$的乘幂,即平方。故1:4也是1:$\sqrt{2}$的乘幂,两次平方,即四次方。因此,如果1:3是立方体的较大和谐比(根据**命题7**),那么1:4就应该是八面体的较大和谐比。

命题13. *木星与火星的极端运动应该有较大和谐比1:8,三个八度,较小和谐比5:24,软三度加上两个八度。*

因为立方体被分配到1:2和1:3,而位于木星与火星之间的四面体的内外球之比(称为三重比)是立方体内外球之比1:$\sqrt{3}$的平方,因此,应该把运动之比(等于立方体之比的平方)应用于四面体。1:2和1:3之后的比是平方1:4和1:9。但1:9不是和谐比,1:4已经在八面体中用过。因此,按照**公理1**,必须取这些比的相邻和谐比。较小的比1:8与较大的比1:10是最接近的。在这些比之间的选择取决于是否与四面体有亲缘关系,四面体与五边形没有任何共同之处,而1:10属于五边形组。但四面体因多种理由与1:8有较近的亲缘关系,见第二章。

此外,如像1:3是立方体的较大和谐比,1:4是八面体的较大和谐比,因为它们是多面体内外球之比的乘幂,1:8也应该是四面体的较大和谐比,因为如第一章所述，四面体本体是内接于其中的八面体的两倍，[①]四面体的比中的数字8也是八面体的比中数字4的两倍，以上这些也有利于1:8。

再者，正如立方体的较小和谐比1:2是一个八度，八面体的较大和谐比1:4是两个八度，故四面体的较大和谐比1:8应该是三个八度。此外，四面体确实应该比立方体和八面体有更多的八度，因为四面体的较小和谐比必须大于立方体和八面体的较小和谐比（由于四面体内外球之比大于其他多面体的内外球之比），四面体的较大和谐比也应该在八度数量上超过其他多面体的和谐比。最后，三个八度与四面体的三角形面有亲缘关系，且由于三位一体的普遍完美性而有一定的完美性，甚至三个八度涉及的术语octuple（8倍）是第一个立方数，它是完美的，有三个维度。

与1:4或6:24相邻的较大和谐比是5:24，较小和谐比是6:20或3:10。然而，3:10又属于五边形范畴，它与四面体没有任何共同之处。但是由于数字3和4（由之产生数字12和24），5:24与四面体有亲缘关系。我们在这里忽略了其他较小项5和3，因为它们与多面体的亲缘关系是最疏远的，见第二章。此外，四面体的内外球之比是3；并且由**公理2**，相向距离之比也应该大约如此。但是由第三章，相向运动之比接近于距离的二分之三次方的倒数之比，但是3:1的二分之三次方大约是1000:193。因此，如果火星的远日运动是1000，木星的近日运动会略大于193，但远小于333，1000的三分之一。因此，在木星与火星的相向运动之间并无和谐比10:3，即1000:333，而是有和谐比24:5，即1000:208。

命题14. *火星极端运动的固有比应该大于3:4，即纯四度，约为18:25。*

设有通常分配给木星和火星的精确和谐比5:24和1:8即3:24（**命题13**）。把较大的5:24与较小的3:24的倒数复合，得到3:5，但在上面的**命题11**中已经找到木星的固有比是5:6。然后把它的倒数与3:5复合，也就是把30:25与18:30复合；结果得到火星的固有比18:25，大于18:24或3:4。但是它会变得更大，因为根据

① 应该是内接于剖分出四面体的立方体中，参见第一章第13页注释②。——译者注

以后的论证，较大的共有比[①]1:8将会增加。

命题15. *以下协和音程：五度2:3，软六度5:8和硬六度3:5，必定依次分配给火星与地球、地球与金星、金星与水星的相向运动。*

十二面体和二十面体分别位于火星、地球和金星之间的空间，它们的内外球之比最小。因此，它们应该具有可能的和谐比中的最小者，因为它们是同宗的，这样**公理2**才能够成立。但是最小的和谐比，即5:6和4:5，按照**命题4**是不可能的。因此，所述的多面体应当有比它们稍大的和谐比，即3:4或2:3，或者5:8或3:5。

再者，置于金星与水星之间的多面体即八面体，其内外球之比与立方体的相同。但是根据**命题7**，立方体的相向运动得到较小的和谐比八度，因此由比例关系，如果不包含多样性，八面体应该有一个相同大小的比1:2作为它的较小和谐比。但实际上包含了以下程度的多样性：在立方体行星（即土星和木星）的情况，单颗行星运动固有比的复合将不大于2:3；但八面体行星（金星和水星）单颗行星运动的固有比大于2:3，这很容易说明。假定要求的是立方体与八面体之比，如果这是仅有的一个，假设较小的八面体的比大于这里给定的比，它显然像立方体的比（1:2）一样大，而根据**命题12**，较大的和谐比是1:4。因此，若把它除以我们刚刚假设的较小比，仍然留下1:2为金星和水星固有比的复合，但是1:2大于木星和土星固有比的复合2:3。而且由第三章，这个较大的复合比将导致较大的偏心率，但同样由第三章，较大的偏心率导致较小的相向运动之比。因此，较大的偏心率加上立方体与八面体之间的比，也要求金星与水星之间相向运动之比小于1:2。此外，为了符合**公理1**，因为已把八度和谐比给予立方体行星，另一个非常接近的和谐比（如前所述应小于1:2）应该介入八面体的行星中。但下一个小于1:2的比是3:5，作为三者中最大的，它属于具有最大内外球之比的多面体，即八面体。因此，留下较小的和谐比5:8，2:3或3:4给予二十面体和十二面体，它们有较小内外球之比。

①"共有比"指两颗行星之间的比，例如"相向运动之比"和"相背运动之比"。——译者注

这些剩下的和谐比在两颗剩下的行星中的分配如下。在所有多面体中，立方体与八面体的内外球之比相等，但因为金星与水星固有比的复合超过了土星与木星固有比的复合，立方体被分配到和谐比1:2，八面体被分配到较小的3:5；因此也有，虽然十二面体与二十面体有相同的内外球之比，但它获得的和谐比应该比二十面体的小但很接近，其理由相似，因为十二面体在地球与火星之间，而火星的偏心率是上方行星中最大的。但是如同我们在下面将看到的，金星和地球的偏心率是最小的。但由于八面体有3:5，故有较小内外球之比的二十面体有下一个略小的比，即5:8；因此，留给十二面体的或者是2:3，或者是3:4。更有可能是2:3，因为它接近于二十面体的5:8，而且两个多面体是相似的。

但3:4实际上是不可能的。因为在下面将看到，虽然火星极端运动的固有比已经足够大，但如上所述并将在下面进一步阐明的，地球贡献的固有比太小而使二者的复合比不可能超过纯五度。因此根据**命题7**，3:4不可能成立，更因为根据下面的**命题17**，相向区间应该大于1000:795。

命题16. 金星与水星的固有运动之比复合后约为5:12。

这是因为，把**命题15**中分配给它们的较小和谐比3:5除以根据**命题12**得到的较大和谐比1:4或3:12，其结果是5:12，这是二者固有比的复合，故水星极端运动单独的固有比小于金星的固有比5:12。由这些第一类理由可以理解这一点。以下基于第二类理由，通过对二者的共有和谐比做一些变动，得到水星单独的固有比为完美的5:12。

命题17. 金星与地球相背运动的和谐比不可能小于5:12。

这是因为，根据**命题14**，火星运动的固有比超过纯四度，且大于18:25。但根据**命题15**，其较小和谐比是一个纯五度。因此，这两部分的复合是12:25。又根据**命题3**[①]，其自身的固有比来自地球。于是因为相背运动的和谐比由上述三个元素

① 原文为公理**4**。——译者注

组成,它将大于12∶25。但是下一个大于12∶25或60∶125的和谐比是5∶12,即60∶144。因此由**公理1**,如果需要两颗行星的这个较大比是和谐比,它不能小于60∶144或5∶12。

因此,到目前为止,所有其他行星对都已因为必要性得到了它们的两个和谐比。只有地球和金星这一对,由迄今为止应用的公理,只得到一个和谐比5∶8。我们因此将重新开始寻找它的另一个较大的和谐比,即相背运动的和谐比。

后验理由

公理18. 运动的普遍和声必须通过六种运动(尤其是极端运动)来确立。

这已由**公理1**证明。

公理19. 相同普遍和声必定可以在一定的运动范围内出现,从而十分频繁地出现。

因为如果它们被局限在特定的运动点上,可以得出结论:它们永远不会出现,或者肯定极少出现。

公理20. 如同在第三卷中所证明的那样,和声的最自然分类是硬的和软的,二者都必定在极端运动之间出现。

公理21. 两类不同的各种和声都必定能确立,使得世界之美可以通过所有可能的变化形式和谐地表达,并且是通过极端运动,或至少是通过一些极端运动。

根据**公理1**。

命题22. 行星的极端运动必定表示了八度系统中的音高或弦长或音阶中的音符。

这是因为,诸协和音程的起源及相互比较,始于生成音阶的一个公共项,或者如第三卷中所证明的那样，八度分成的音高和音符。因此根据**公理1，20**和**21**，极端运动之间的不同和谐比是需要的，从而在一些天体或协和音阶系统中，极端运动之间的真正区别是需要的。

命题23. 必定存在一对行星，在它们中间的运动中除了两个六度，即硬六度3:5和软六度5:8之外，不可能有其他协和音程。

这是因为，由**公理20**，必须把和声分为不同的类型，而根据**命题22**，这可以借助在拱点的极端运动完成，因为只有极端运动，即最慢和最快的运动，才需要定义以便整理和排序，中间调音当行星从最慢运动到最快运动时自行出现，无须特别关心。于是从最慢运动到最快运动有无限种分类，但除非两颗行星的极端运动显示了第西斯即24:25的差异，这种分类不可能出现，因为如同在第三卷中所说明的，不同的和声类型由一个第西斯的差异而产生。

但是，第西斯或者是两个三度，即4:5与5:6之间的差额，或者是两个六度，即3:5与5:8之间的差额，或者是加上一个或多个八度的这些音程之间的差额。然而根据**命题6**，两个三度，即4:5和5:6，都不可能在两颗行星之间出现，并且除了火星和地球对的5:12和相关的2:3，找不到三度或六度加上一个八度的音程。故中间比5:8，3:5和1:2都被容许。因此剩下两个六度3:5和5:8需要分配给一对行星。而且它们运动的变化也只能是六度，这样，它们既不会把音程扩大到下一个较大的八度，1:2，也不会缩小为下一个较小的五度，2:3。因为，虽然用它们的极端相向运动构成一个五度的两颗行星，也可以构成一个六度，从而跨越一个第西斯，但这不大像运动主宰者的独特天意。因为第西斯这个最小音程，可能隐藏在极端运动构成的所有主要音程中，其本身会被连续延伸变化的中间运动穿越，但不是被它们的极端运动所确定的，因为部分总是小于整体，正是第西斯而不是存在于2:3与1:2之间的较大音程3:4，在这种情况下被假设为完全由极端运动确定的。

命题24. 和声类型发生改变的两颗行星的极端运动固有比的差额应该是一个

第西斯,它们的远日运动构成一个六度,近日运动构成另一个六度。

这是因为,极端运动要构成两个其间相差一个第西斯的和谐比,可以通过三种方式实现:第一种,一颗行星的运动保持不变,另一颗变动一个第西斯;第二种,两颗行星都变动半个第西斯,构成3:5,硬六度,当上方行星在远日点,下方行星在近日点时,它们可以构成5:8,软六度;第三种,一颗行星从远日点到近日运动的改变,比另一个的改变多出一个第西斯。因此,在两个远日点之间有一个硬六度,两个近日点之间有一个软六度,但是,第一种方式是不合规的,因为其中一颗行星会没有偏心率,与**公理4**相悖。第二种方式不那么美观,也不那么方便:不那么美观,是因为不那么和谐。由于两颗行星运动的固有比,会因为小于一个第西斯的任何东西而丧失和谐性;此外,它会使一颗行星在这种病态的小音程差额下单独运行,不过事实上这不可能发生,因为在这种情况下,极端运动会偏离系统中的音高,或音阶中的音,而这与**公理22**相悖。再者,它也不那么方便,因为六度只在行星位于相反拱点时出现:也许没有这样的音域,使这些六度,以及与此相关联的普遍和声有可能出现。因此,这些普遍和声会非常罕见,仅当所有行星的位置都在它们轨道的一个特定点的狭窄范围内时才会发生,而这与**公理19**相悖。还有第三种方式,两颗行星的固有运动实际上都发生了变化,但其中一个比另一个多出至少一个完全的第西斯。

命题25. 和声类型发生改变的两颗行星中,上方行星的固有运动之比应该小于小全音9:10,下方行星的固有运动之比小于半音15:16。

因为如前所述,它们要么用远日运动,要么用近日运动来构成3:5。用近日运动是不可能的;因为那样远日运动之比将为5:8。因此,同样由前述,下方行星的固有比将比上方行星的固有比多出一个第西斯。然而,这与**公理10**相悖。因此,它们只能用远日运动构成3:5,用近日运动构成5:8,它比前者小24:25。但如果远日运动构成硬六度,3:5,那么上方行星的远日运动与下方行星的近日运动所构成的音程将超过六度,因为下方行星将复合它的全部固有比。

同理,如果近日运动构成软六度,5:8,上方行星的近日运动与下方行星的远日运动构成的音程将小于软六度,因为下方行星将反向复合它的全部固有比。但如果下方行星的固有比等于半音,15:16,那么六度和五度都可以出现,因为软六度减去半音变成五度,但这与**命题23**相悖。因此,下方行星的固有音程小于半音。而且因为上方行星的固有比大于下方行星的固有比,差额是第西斯,而第西斯复合到半音上构成小全音9:10,因此,上方行星的固有比小于小全音9:10。

命题26. 和声类型发生改变的两颗行星中,上方行星极端运动构成的音程中必定有或者是第西斯的平方576:625,即接近12:13,或者接近半音,15:16,或者是与前者或后者均相差一个音差(80:81)的附加音程;而下方行星则或者是单一第西斯,24:25,或者是半音与第西斯的差额,即125:128,也就是接近42:43,或者是最后,类似地,与前者或后者相差一个音差(80:81),即第西斯的平方减去音差或单一第西斯减去音差的附加音程。

根据**命题25**,上方行星的固有比应该大于第西斯,但由前一个命题,它小于小全音,9:10。事实上,根据**命题24**,上方行星应该比下方行星多出一个第西斯。而且由**公理1**,和谐的美学促使这些行星,即使因其固有比太小而不可能是和谐的,如果有可能的话,至少应该是旋律性的。但小于小全音9:10的旋律音程仅有两个,半音和第西斯,而它们的差额不是一个第西斯,而是一个更小的音程,125:128。因此,不可能同时出现上方行星有半音而下方行星有第西斯的情况;要么上方行星有半音,15:16,下方行星有125:128,即42:43,要么下方行星有第西斯,24:25,上方行星有一个第西斯的平方,约12:13。但是由于两颗行星有平等的权利,因此,如果必须在其固有比上违背旋律的本性,那么在两种情况下必须平等地违背,使得它们的固有比之间的差额得以精确地保留为一个第西斯,以便区分必要的和谐性类型,按照**命题24**。如果上方行星的固有比相对于第西斯的平方的亏缺或相对于半音的盈余，与下方行星的固有比相对于单音的亏缺或相对于125∶128的盈余相同，那么在这两种情况下，旋律的本性就被平等地违背了。

此外这种盈余或亏缺应该是一个音差，80∶81，因为对旋律音程，硬软类型之间的差别只能用音差表达，没有其他方式，所以音差在天上运动的表达方式应该与它在和谐比中的表达方式相同，也就是只能由彼此的盈余和亏缺来表达。

我们仍需要研究建议的音程中哪些是优先的，是否应该是第西斯，即对于下方行星是单一第西斯和对于上方行星是第西斯的平方，或者更偏向于对于上方行星是半音和对于下方行星是125∶128。答案是第西斯胜出，因为虽然半音在音阶中以各种方式表达过，但其搭档125∶128没有。另一方面，第西斯在多处表达过，第西斯的平方也有一些，例如把全音分解为第西斯、半音和小半音；因为在这种情况下，如前面第三卷第八章中所述，大约两个第西斯在两个音之间彼此相继。[①]另一个论据是，可以用第西斯区分类型（kind）[②]，但不能用半音。因此，应该更加重视第西斯而不是半音。这一切的结果是，上方行星的固有比应该是2916∶3125，或者几乎14∶15；下方行星的固有比是243∶250，或者几近于35∶36。

你也许会问，最高造物智慧真的追求了这些细枝末节吗？我的回答是，我可能错过了许多论据。但是，如果和谐性并未提供更有力的论据，那是因为比值的大小低于所有旋律音程。不过对上帝而言，无论它们显得何等微小，关注它们也不是荒谬的，因为祂不会无缘无故地做任何事情。荒谬的反而是声称上帝碰巧选取了小于为它们指定的小全音范围的这些量。也没有理由说祂选取这些大小的量只是因为祂喜欢这样做。因为在可以自由选择的几何问题上，上帝不喜欢做任何在几何中没有理由的事，这可以从叶子边缘、鱼鳞、兽皮，以及它们的斑点和斑点的次序等等，看得十分清楚。

① 第西斯的音分为71，全音的音分为203，一个全音约等于三个第西斯。——译者注

② 指硬类型和软类型。——译者注

命题27. 地球与金星运动的较大比应该是它们远日运动之间的硬六度，而较小比是它们近日运动之间的软六度。

由**公理20**，必须区分和声的类型。然而根据**命题23**，这只可能是六度。因此，根据**命题15**，彼此相邻的二十面体行星地球和金星已经取得软六度5:8，另一个3:5也应该归属于它们。但根据**命题24**，这并非在相向和相背的极端运动之间，而是在同一类极端运动之间，其一在两个远日运动之间，另一在两个近日运动之间。此外，和谐比3:5也与二十面体同宗，因为二者都属于五边形族，见第二章。

这就是为什么我们在二者的远日运动和近日运动之间找到了精确的和谐比，而不像对上方行星那样，在它们的相向运动中找到了这种比的原因。

命题28. 地球运动的固有比约为14:15，金星的约为35:36。

由前一命题，二者应该有不同的和声类型。因此，根据**命题26**，地球作为上方行星，应该得到2916:3125的音程，接近14:15；而金星作为下方行星，应该得到243:250的音程，接近35:36。

这就是这两颗行星为什么有如此之小的偏心率，并由此，它们的极端运动具有小区间或小固有比的原因，尽管地球的下一个上方行星火星以及金星的下一个下方行星水星具有最大的偏心率。然而，天文学证实了这是真实的；因为由表4.4，显然地球有14:15和金星有34:35的固有比，天文学精度几乎不能把后者与35:36区分开来。

命题29. 火星与地球的较大和谐比，即相背运动之比，不可能大于5:12。

前面在**命题17**中，我们说明了这个相背运动的和谐比不可能小于5:12，现在我们要说明，它也不可能大于5:12。因为这两颗行星的其他共有比或较小比2:3，乘以火星的固有比（根据**命题14**，它超过18:25）得到的值大于12:25，即60:125。因此，把它与地球的固有比14:15，即56:60，复合后的比超过56:125。它非常接近于4:9，也就是说，比八度加大全音多一点。但大于八度加大全音的下一个协和音程是5:12,八度加软三度。

请注意,我不是说这个相背运动的比既不能大于也不能小于5:12;我说的是,如果它必须是和谐比,它只可能是5:12。

命题30. 水星运动的固有比应该大于所有其他行星的固有比。

因为根据**命题16**,金星与水星固有比的复合应该大约为5:12,但是金星的固有比只有243:250,也就是1458:1500;而用它除5:12即625:1500,得到的商是625:1458,这是水星的固有比,它大于八度加大全音,而在其他所有行星中,火星的固有比是最大的,它小于2:3,即纯五度。

因此,对于最下方的行星金星和水星,它们固有比的复合约等于四个最上方行星固有比的复合。因此现在立即可以清楚看出,土星和木星固有比的复合超过2:3。火星的固有比略小于2:3;全体的复合比为4:9,即60:135。把它与地球的14:15,即56:60复合,结果是56:135,略大于5:12,我们刚才看到的是金星与水星固有比的复合。然而,那不是被寻求的,也并非从某种单独和特殊的美学原型中提取的,而是由于到目前为止已确认的与和谐相关的原因,必定会自发地出现的。

命题31. 地球的远日运动应该与土星的远日运动成和谐比,但跨越几个八度。

这是因为,由**公理18**,必定存在普遍和声,因此土星与地球和金星之间也有和谐比。但是由**公理1**,如果土星的一个极端运动既不与地球的运动,也不与金星的运动成和谐比,那么和谐的种类将少于它的两个极端运动都与这些行星有和谐比的情形。因此,土星的两个极端运动都应该介入和谐比中:远日运动与这两颗行星之一,近日运动与剩下的一颗,由于这是第一颗行星的运动,不会有障碍。这些和谐比要么是同音的[①],要么不是同音的,也就是,或者是连续加倍的比,或者是某种其他比。但是,二者都不可能在另一个比中,因为在3:5(根据**命题27**,它确定

① "同音"的(identisonant)比前项相同,如3:5,3:10,3:20,等等,否则就是不同音的(diversisonant)。

了地球和金星在远地点运动间的较大和谐比)中,不可能有两个中间和谐值,由于六度不能分成三个协和音程,见第三卷。因此,土星不可能以它的两个运动,在3与5之间与中间和谐值构成一个八度;但是,为使它的运动既与地球的3,也与金星的5构成和谐比,运动之一必须与其中一颗(地球或金星)构成等同的和声,或者跨越几个八度的和声。由于同音和声更具优势,它们也将必须在更具优势的(远日点的)极端运动之间确立,它们之所以更具优势,既因为行星的高度,也因为地球和金星在某种程度上,把和谐比3:5视为它们的固有比和它们的特权,我们现在将其作为较大和谐比处理。这是因为,虽然根据**命题22**,这种和谐比属于金星的近日运动与地球的一些中间运动,但它是从极端运动开始的,而中间运动出现在其后。

现在,一方面,我们有最大高度土星的远日运动,另一方面,与它配合的是地球的远日运动,而不是金星的远日运动,因为在这两颗区别和声类型的行星中,地球在上方。还有一个更直接的原因:我们现在用到的后验理由,确实修改了先验理由,但只在最不重要之处,因为这是关于小于旋律音程的音程上的和声。但是根据先验理由,并非金星的远日运动,而是地球的远日运动,接近于与土星的远日运动相隔几个八度确立的协和音程。把以下这些复合在一起:第一,土星运动的固有比是4:5,根据**命题11**,这是土星的远日运动与它的近日运动之比;第二,根据**命题8**,土星与木星相向运动的1:2,即土星的近日运动与木星的远日运动之比;第三,根据**命题14**,木星与火星相背运动的1:8,即木星的远日运动与火星的近日运动之比;第四,根据**命题15**,火星与地球相向运动的2:3,即火星的近日运动与地球的远日运动之比。你将发现,土星的远日运动与地球的远日运动的复合为1:30,它与1:32或即五个八度相比,亏缺不大于30:32,即15:16,或半音。然而,如果把半音分成小于最小旋律音程的几部分,添加到这四个比值上,那么土星与地球的远日运动之比将是五个八度的完美协和音程。但是为了使土星的相同远日运动与金星的远日运动构成几个八度，由先验理由必须剥离掉一个几乎是完整的四度。如果把地球与金星的远日运动3∶5，与前面四个比值复合产生的总比值1∶30复合，那么根据先验理由，结果是土星与金星的远日运动之比为1∶50，这个音程与五个八度1∶32相差32∶50，也就是16∶25，这是五度加上第西斯，而它与六个八度1∶64相差50∶64，即25∶32，或四度减去第西斯。因此，同音协和音程不应该位于金星的远日运动与土星的远日运动之间，而应该处于土星的远日运动与地球的远日运动之间，这使得土星可以与金星保持一个不同音的协和音程。

命题32. 在行星的软类型普遍和声中，土星的精确远日运动不可能与其他行星完全和谐。

这是因为，地球的远日运动并不包括在软类型的普遍和声中，因为根据**命题17**，地球的远日运动与金星的远日运动构成的音程3∶5是硬类型的。然而根据**命题31**，土星的远日运动与地球的远日运动构成一个同音的协和音程。因此，土星的远日运动也不包括在其中。然而，代替远日运动的，是土星的一个很接近远日运动，也更属于软类型，如在第七章中显然可见的那样。

命题33. 硬类型的和声及音阶与远日运动关系密切，软类型的与近日运动关系密切。

这是因为，虽然硬类型的和声不仅建立在地球的远日运动与金星的远日运动之间，也建立在低于地球的远日运动和低于金星的远日运动（直到近日运动）之间；以及相反地，软类型的和声不仅建立在金星的近日运动与地球的近日运动之间，并且也建立在金星的直到远日点的更高运动和地球的更高运动之间（根据**命题20**和**命题24**）。因此，硬音阶只适合表示远日运动，而软音阶只适合表示近日运动。

命题34. 相比之下，硬类型与上方行星关系更密切，软类型与下方行星关系更密切。

这是因为,由前所述,硬类型是远日运动固有的,软类型是近日运动固有的,远日运动比近日运动更慢、更谨慎,因此,硬类型是较慢的运动固有的,软类型是较快的运动固有的。但是,两颗行星中上方的那颗与慢运动的关系更为密切,而下方的那颗与快运动的关系更为密切,因为固有运动总是随着相对于到太阳的距离的增加而变慢。因此,自我调整到两种类型的两颗行星中,上方的那颗与硬类型关系更密切,下方的那颗与软类型关系更密切。此外,硬类型使用较大音程,4:5和3:5,软类型使用较小音程,5:6和5:8。但是,上方行星既有更大的天球和更慢即更大的运动,也有拉得更长的轨道;而那些在两方面都合适的东西,相互联系也相当紧密。

命题35. 土星和地球与硬类型关系更密切,木星和金星与软类型关系更密切。

这是因为,首先,与金星一起表示两种类型的地球在上方。因此,由前一命题,地球主要包含硬类型,而金星主要包含软类型。根据**命题31**,土星的远日运动与地球的远日运动构成一个八度协和音程;根据**命题33**,土星也包含硬类型。其次,也由**命题33**,土星借助它的远日运动更注重硬类型,而根据**命题32**则偏爱软类型。因此,它更密切地与硬类型而不是与软类型相关,因为这些类型被极端运动合适地表示。

在这种情况下,木星与土星相比在下方。那么由前一命题,硬类型应该属于土星,软类型应该属于木星。

命题36. 木星的近日运动应当与金星的近日运动在同一音阶中相一致,但不在同一和声中;它与地球的近日运动更不是如此。

这是因为,根据前一命题,软音阶应当主要属于木星,而根据**命题30**,近日运动与软音阶关系更密切。因此,木星应当由它的近日运动表示软类型的音阶,也就是其中确定的音高或音。但是根据**命题28**,金星和地球的近日运动也被指定了相同的音阶。因此,木星的近日运动必须与这两颗行星的近日运动在同一调音中相关联。然而,它不能与金星的近日运动建立和声。因为根据**命题8**,它必定与土星的远日运动构成大约1∶3,即以下系统中的*d*音。在该系统中,木星的远日运动是*G*音,金星的远日运动是*e*音,因此,它与*e*音的接近程度在最小协和音程之内。而最小协和音程是5∶6;但是*d*音与*e*音之间的音程要小得多,只有9∶10,一个全音。尽管在近日点调音中,金星被提升到高于它在远日点的*e*音,但根据**命题28**,这种提升还不到一个第西斯。然而,一个第西斯(以及比它更小的某个音程)加上一个小全音还不等于最小协和音程5∶6。因此,木星的近日运动与土星的远日运动之比不可能是1∶3或接近1∶3,并且同时与金星保持和谐。而且也不能与地球保持和谐。因为如果在同一调音中,木星的近日运动已被调整到金星近日运动的音阶中,它已处于为了保持它与土星在远日运动之间有音程(1∶3)的最小范围内,也就是说,与金星的近日运动差一个在下方的小全音9∶10或36∶40(外加几个八度),地球的近日运动当然与金星的同一近日运动相隔5∶8,即25∶40。因此,地球与木星的近日运动也相隔25∶36,外加几个八度。但这不是和谐的,因为它是5∶6的平方或纯五度亏缺一个第西斯。

命题37. *必须添加等于金星(固有)音程的一个音程到土星与木星的复合固有和谐比2∶3,以及它们的较大共有和谐比1∶3。*

这是因为,根据**命题27**和**命题33**,金星的远日运动有助于表示硬类型,而近日运动有助于表示软类型。但根据**命题35**,土星的远日运动及金星的远日运动,也应当包括在硬类型的和谐比中。由前一个命题,木星的近日运动与金星的近日运动也应如此。因此,金星从远日点到近日点的音程也应该加到与土星的远日运动复合成为1∶3的木星的运动中,这个运动正是木星的近日运动。但是根据**命题8**,木星与土星相向运动的和谐比恰好是1∶2。因此,如果由大于1∶3的音程减去音程1∶2,其结果就是二者固有比的复合,它大于2∶3。

前面在**命题26**中,金星运动的固有比为243∶250,非常接近于35∶36。然而在

第四章里，土星的远日运动与木星的近日运动之比略超过1:3，盈余量在26:27与27:28之间。但如果加入一秒(我不知道天文学观测能否发现这个差别)于土星的远日运动，这里所述的数量就正好一致了。

命题38. 迄今为止根据先验理由确定的土星与木星固有比的复合2:3有一个盈余因子243:250，它必须用以下方式在两颗行星之间分配：音差80:81给予土星；剩余的19683:20000，或接近62:63，给予木星。

由**公理19**，它必须在两颗行星之间这样分配，使得每一颗都可以在一定范围内包括在与它本身相关类型的普遍和声中。但音程243:250小于所有协和音程。因此，没有和谐性规则可以把它分割为两个和谐部分，除了曾在上面**命题26**中分割第西斯24:25时用到的那个例外，也就是说，把它分割为两部分：一部分是音差80:81(这是用于旋律音程的主要的一个)，另一部分是19683:20000，约62:63，略大于一个音差。然而，需要取走的不是两个而是一个音差，以免两部分变得太不相等，因为土星和木星的固有比几乎相等(根据**公理10**甚至也推广到旋律音程和更小的音程)，并且也因为音差是大全音和小全音的音程之差，而两倍音差不是。此外，土星作为更上方和更有气派的行星并不是因为有较大的固有比，尽管它的固有比4:5确实较大，而是因为它更重要和更美丽，也就是更和谐。这是因为，在**公理10**中，重要性及和谐的完美性是优先考虑的；而尺寸大小是最后考虑的，因为尺寸大小本身没有美感。因此，土星的运动64:81，是我们在第三卷第十二章中所说的不纯的硬三度；而木星的那个是6561:8000。

我不知道是否应该说，为土星添加一个音差的原因之一，是使土星的极端距离构成比8:9，一个大全音；更确切地说，它是由运动之前的原因自发产生的。你因此看到，这是上面第四章中土星的音程几乎包含一整个大全音的原因，而不是一个推论。

命题39. 土星的精确近日运动和木星的精确远日运动不可能在硬类型行星普

遍和声中出现。

这是因为，根据**命题 31**，土星的远日运动必须与地球的远日运动和金星的远日运动精确地成和谐比，土星的另一个运动也将与那些相同的行星成和谐比，那个运动比它的远日运动快4:5或一个硬三度。因为地球与金星的远日运动构成一个硬六度。由第三卷所述，它可以分割为一个纯四度和一个硬三度。因此，虽然土星的运动比已成和谐比的运动快，但它仍因小于协和音程的跨度而不会精确地成和谐比。根据**命题38**，土星的近日运动本身与远日运动相差超过音程4:5，盈余一个音差80:81(小于最小的协和音程)，因此，土星的近日运动不成精确的和谐比。木星的远日运动也不成精确的和谐比，但它在超过八度处成和谐比(根据**命题8**)。因此由第三卷中所述，它也不可能精确地和谐。

命题40. 对于由先验理由确认的木星与火星相背运动的共有协和音程1:8，即三个八度，必须添加一个柏拉图小半音。

这是因为，根据**命题31**，土星与地球的远日运动之比必定是1:32，即12:384；但根据**命题15**，地球的远日运动与火星的近日运动之比必定是3:2，即384:256；根据**命题38**，土星的远日运动与它的近日运动之比是4:5或 12:15并有盈余；最后，根据**命题 8**，土星的近日运动与木星的远日运动之比是1:2 或 15:30。因此，木星的远日运动与火星的近日运动之比减去土星的盈余后得到30:256。但是，30:256与32:256即 1:8相比，超过了30:32，即 15:16 或240:256，这是半音。因此，如果把土星的盈余80:81即 240:243(根据**命题37**)与240:256的倒数复合，结果是243:256。那是柏拉图小半音，即几乎是19:20，见第三卷。所以，必须把柏拉图小半音与1:8复合。

因此，木星与火星的较大比，即它们的相背运动之比，应该是243:2048，它在某种程度上是243:2187与243:1944即1:9与1:8的平均值。其中前者是(多面体的)比例要求的，后者更接近于和谐比的要求。

命题41. 火星运动的固有比必定是和谐比5:6的平方,即25:36。

这是因为,根据前一命题,木星与火星相背运动之比必须是243:2048,即729:6144,并且它们的相向运动之比是5:24,即1280:6144。根据**命题13**,它们的固有比的复合必定是729:1280或72900:128000。但是根据**命题38**,木星的固有比必定是6561:8000,即104976:128000。因此,如果把二者的复合除以木星的固有比,商便是火星的固有比,即72900:104796,也就是25:36,其平方根为5:6。

另一证明如下。土星的远日运动与地球的远日运动之比是1:32或120:3840。土星的远日运动与木星的近日运动之比为1:3或120:360加上一个盈余。但是,土星的远日运动与火星的远日运动之比是5:24或360:1728。因此,火星的远日运动与地球的远日运动之比是5:24或360:1728减去土星与木星相背运动之比的盈余。但是,地球的远日运动与火星的近日运动之比是3:2,即3840:2560。因此,火星的远日运动与近日运动之比是1728:2560,即27:40或81:120减去所述的盈余。但是81:120与80:120(或者2:3)相比亏缺了一个音差。那么如果由2:3减去一个音差及所述的盈余(根据**命题38**,它等于金星的固有比),留下的是火星的固有比。根据**命题26**,金星的固有比是第西斯减去音差。但是音差加上第西斯再减去音差得到一个完整的第西斯,即24:25。所以如果你把2:3,也就是24:36,除以第西斯,即24:25,得到的是火星的固有比,即25:36。同样,根据第三章,其平方根5:6就是该音程。

这就是为什么在上面第四章里发现火星的极端距离包含和谐比5:6的另一个原因。

命题42. 火星与地球之间的较大共有比,或它们的相背运动的共有比,必定是54:125,小于根据先验理由确立的和谐比5:12。

这是因为,由前一个命题,火星的固有比必定是纯五度减去第西斯。但根据**命题25**,火星与地球相向运动的共有比,或较小的共有比,必定是一个五度,2:3。最后，根据**命题26**和**命题28**，地球的固有比是第西斯的平方减去音差。这些因素复合得到火星与地球的较大比或它们的相背运动之比，它是两个纯五度（或4:9，即108:243）加上减去音差的第西斯，即加上243:250；这样得到108:250，或54:125，即608:1500。但它比625:1500即5:12小，其差额为608:625；也就是约36:37，小于最小的协和音程。

命题43. 火星的远日运动不能被包括在某个普遍和声中；但它必须在软类型的音阶中在一定程度上和谐。

这是因为，木星的近日运动是硬类型最高的调音中的*d*音，实际上它与火星的远日运动之间必定有和谐比5:24，因此，火星的远日运动在相同的最高的调音中有不纯的*f*音。[①]

由此显然可见，在自然系统中，根据我的基本原则定义的真实*f*音，与*d*音构成了一个亚软三度。因此，根据**命题13**，因为木星的近日运动（建立在真正的*d*音上）与火星的远日运动之间是两个八度加上一个完全（而不是亚）软六度，可知对火星的远日运动指定的音比真正的*f*音高出一个音差。因此它只是不纯的*f*，所以它并非直接地但至少在一定程度上在这个音阶中和谐。然而，它并没有进入无论是纯的还是不纯的普遍和声。因为金星的近日运动在这个音阶中是*e*音。但是*e*音与*f*音因为它们太接近而不和谐。因此，火星与行星之一即金星的近日运动不和谐。但它也与金星的其他运动不和谐：因为减少了第西斯减去音差。从而，由于金星的近日运动与火星的远日运动之间是半音加音差，因此金星的远日运动与火星的远日运动之间将是半音加第西斯（不考虑八度音阶的差异），这是一个小全音，它仍然是一个不协和音程。现在，在这个程度上火星的远日运动在软类型的音阶中和谐，但不是在硬类型中。金星的远日运动与硬类型的*e*对应，而火星的远日运动（忽略

①这里略去一段，其中根据第三卷第十二章说明上述“不纯的*f*音”。其实下文已对此做了说明，故略去这一段以避免引用第三卷的许多内容。——译者注

八度音阶的差异)被做成比 e 音高一个小全音,因此,在这个调音中,火星的远日运动必定会成为 f 音和 $^{\#}f$ 音之间的平均值,与 g 音(在这个调音中被地球的远日运动取得)一起构成的就是不协和音程 25∶27,也就是大全音减第西斯。

用同样的方法可以证明火星的远日运动也与地球的运动不和谐。如前所述,火星的远日运动与金星的近日运动构成半音加音差,即 14∶15,而根据**命题 27**,地球与金星的近日运动构成软六度,5∶8 或 15∶24。因此,火星的远日运动与地球的近日运动(在前者加上几个八度),将构成不协和音程 14∶24 即 7∶12,以及更不和谐的如这里的6∶7。因为5∶6与8∶9之间的任何比值,如这里的6∶7,都是不和谐的。地球也没有任何其他运动能与火星的远日运动对应。因为上面已经说过,它与地球的远日运动构成 25∶27(忽略八度的差异),这是不和谐的:从 6∶7 或 24∶28 到 25∶27的所有音程都小于最小旋律音程。

推论 44. 因此,从关于木星和火星的**命题 43**、关于土星和木星的**命题 34**、关于木星和地球的**命题 36**,以及关于土星的**命题 32**,可以清楚地看出,为什么在前面第五章里,人们发现行星的所有极端运动都不能完美地调整到一个单一的自然系统或音阶中,而且适合同一个系统的所有那些也不能以自然方式分割为各个音,或产生协和音程的纯粹自然的延续。至于为什么特定行星获得特定和声,为什么所有行星获得普遍和声,以及最后,为什么普遍和声也有两种,硬类型和软类型,其理由都是先验的;并且所有这些都阻碍了对单一自然系统做形态各异的调整。但如果不一定需要这些理由是优先的,那么毫无疑问,单一系统经过单一调音,就会包含所有行星的极端运动;或者如果需要对应于两种音调(硬类型的和软类型的)的两种系统,自然音阶的真实次序将不仅在硬类型中表达,也会在软类型中表达。因此,这里我们有了第五章中许诺要给出的理由:为什么在非常小,实际上小于所有旋律音程的音程里,有这种不一致性。

命题 45. 金星与水星的较大共有和谐比,两个八度,以及水星的固有比(根据前面由先验理由确认的**命题12**和**命题16**)，都必须添加等于金星音程的一个音程，这样一来，水星的固有比成为完美的5:12。于是水星在它的两种运动中，都与金星的近日运动和谐。

第一，由于土星的远日运动应该与地球的远日运动是和谐的，土星是外接于它的正多面体的最高和最外的行星，[①]它必须与地球的远日运动成和谐比，而地球的这个最高运动划分了多面体的类型；由对立法则[②]，作为行星中最内的一颗，它内切于它的多面体中，在最下方且最接近于太阳的是水星，它的近日运动与地球的近日运动和谐，以地球的最低运动为公共边界：前者是硬类型和谐，后者是软类型和谐(根据**命题33**和**命题34**)。但是根据**命题27**，金星的近日运动应该与地球的近日运动有和谐比5:3。因此水星的近日运动也应该与金星的近日运动调整到一个音阶中。然而，根据**命题12**，由先验理由，金星与水星相背运动的和谐比被定为1:4。然后由这些后验理由，它必须通过加入整个金星音程调整。因此，不再从金星的远日运动，而是从它的近日运动到水星的近日运动出现两个完美的八度。但是根据**命题15**，相背运动的和谐比3:5也是完美的。因此，用它除1:4，商是水星单独的固有比5:12，它也是完美的，但不再(根据**命题16**，由先验理由)因金星的固有比而减少。

第二，正如只有在外面的土星和木星对完全没有被十二面体和二十面体这一对配偶触及那样，在里面只有水星不会被这对多面体触及。因为这对多面体在内侧触及火星、在外侧触及金星[③]、在两侧触及地球。因此，如同等于金星固有比的比值被分布添加到由立方体和四面体支撑的土星和木星运动的固有比中，同样大小

① 这里，离太阳远的行星被称为外的或高的(也称为上方的)，反之是内的或低的(也称为下方的)。类似地，远日点运动被称为高的，近日点运动被称为低的。——译者注

② 对立法则(law of opposites)有多种含义。这里的含义是当你选择某种事物时，其对立面也会以某种方式出现。——译者注

③ 似乎说反了，应该是“在内侧触及金星，在外侧触及火星”。——译者注

的值被添加到关联的立方体和四面体包含的水星的固有比中。正如次生多面体中的八面体这个单独多面体，起了两个原生多面体——立方体和四面体——的作用（见第一章），下方行星中也只有水星独自代替了两颗上方行星——土星和木星。

第三，正如最高行星土星的远日运动必须跨越几个八度，即以比值1:32通过连续加倍改变，才能与较高、较接近它的两颗行星（它们改变了和谐的类型）的远日运动成和谐比（根据**命题31**）；反之亦然，水星这个最低的行星应该在它的近日运动中，也跨越几个八度，即通过类似地加倍得到的比1:4，类似地与较接近的两颗较低行星（它们改变了和谐的类型）的近日运动成和谐比。

第四，只有三颗上方行星，土星、木星和火星的个别极端运动被包括在普遍和声中；因此，下方的单颗行星即水星的两个极端运动，也应该包括在普遍和声中，对于中间的行星，地球和金星，根据**命题33**和**命题34**，应该已经改变了和谐的类型。

第五，在三对上方行星的相向运动中找到了完美的和谐比，但在相背运动和各颗行星的固有比中找到的是调整过的和谐比；因此，在两对下方行星中正好相反，完美的和谐比应该主要不是在相向运动中找到，也不是在相背运动中找到，而是在同侧运动[①]中找到。因为地球和金星有两个完美的和谐比，金星和水星也应该有两个完美的和谐比。地球和金星既必须在它们的远日运动之间，也必须在它们的近日运动之间有完美的和谐比，因为它们改变了和谐的类型；但是金星和水星没有改变和谐的类型，无论在远日运动还是在近日运动之间都不需要完美的和谐；但这里出现了远日运动的完美和谐，因为已经调整到相向运动的完美和谐比，故正如下方行星中最靠外的金星有最小的固有运动比（根据**命题26**）一样，下方中更下方的水星有最大固有运动比（根据**命题30**）；所以金星的固有比是所有行星的固有比中最不完美的，或离和谐比最远的，而水星的固有比是所有固有比中最完美的，即没有经过调整的绝对和谐；最终，这些关系是处处相反的。

① 也就是两个在近日点运动或两个在远日点运动。

开天辟地之前，从古到今，祂就是这样美化了祂那大智慧的宏伟巨作：没有多余，没有不足，无可指摘。祂的作品多么令人爱慕崇敬呀！一切相互平衡，一切彼此呼应。祂用最好的理由确立了辉煌的至善至美，谁会感受到了这样的荣耀还不满足呢？

公理46. 如果多面体在行星天球中可以自由镶嵌，不受历史原因必然性的阻碍，那么它们应该完全遵循几何的内切和外接的比例关系，并因此遵循内切球与外接球的直径比。

这是因为，没有什么能比物理实现更准确地表示几何陈述了，印刷的文字就是很好的例子。

命题47. 如果多面体在行星间可以自由镶嵌，四面体的角顶应该触及其上方木星的近日天球，其诸表面的中心正好位于其下方火星的远日天球上。立方体和八面体的每个角顶都在其上方行星的近日天球面上，其诸表面的中心应该穿透其内部行星的天球面，也就是以这种方式位于远日天球面与近日天球面之间。另一方面，十二面体和二十面体在其角顶与它们外面的行星的近日天球面接触，不会使其诸表面接触其内部行星的远日天球面。最后，十二面体海胆的角顶位于火星的近日天球面上，其倒边[①]的中点应该非常接近金星远日天球面，倒边分割了两条射线。

因为无论从它的起源还是它在世界中的位置，四面体都在原生多面体的中间。如果没有障碍，它应该把木星与火星的区域相等地分开。又因为立方体在其上方和在其外，十二面体在其下方和在其内，所以很自然，它们的镶嵌趋于相反，而四面体则取其平均，其中之一过度镶嵌，另一则不足。也就是说，一个在一定程度上穿透了内天球，另一个则未能达到。因为八面体与立方体同宗，它们的球之间的比相等，而二十面体与十二面体同宗，所以立方体镶嵌具有的完美性，八面体也有；十二面体具有的，二十面体也有。八面体的情况与立方体的情况相似，二十面体的情况

① 倒边指构成海胆的十二面体内核的边，参见第一章图1.4及说明。——译者注

与十二面体的情况相似，因为立方体占据了通向世界外部的一条边界，八面体占据了通向世界内部的剩余边界，而十二面体和二十面体介于其间。也很自然地有相似的镶嵌模式，前者穿透了内部行星的天球，后者则没有达到这个天球。

但是，以其尖刺的顶端代表十二面体的外形，底面代表二十面体的海胆，[①] 应该充满、包含或安置以下两个区域：一个是属于十二面体的火星与地球之间的区域，另一个是属于二十面体的地球与金星之间的区域。**公理46**已经说明了哪一个区域适用于哪一个组合。根据第一章，四面体有一个有理内切球，它被配置在原生多面体的中间位置，两侧都被具有不可公度的球的多面体包围，外侧是立方体，内侧是十二面体。这个几何性质，即内切球的有理性，展示了自然界中行星天球的完美镶嵌。然而，立方体及其同伴多面体只具有平方可公度的内切球。因此，它们展示的应该是半完美的镶嵌，即使行星天球的极端处没有被正多面体诸面的中心触及，至少它里面的东西，即远日天球与近日天球的平均天球被这些中心触及，如果有其他理由使之成为可能。另一方面，十二面体及其同伴多面体的内切球的半径长度及其平方都是无理的。因此，它们应该表示不完美的镶嵌，绝对不触及行星天球，也就是其诸面的中心不能达到行星的远日天球面。

虽然海胆与十二面体及其同伴多面体同宗，但它与四面体也有一些相似之处。这是因为，倒边内切球的半径，确实与外接球的半径不可公度，但与相邻顶点对之间的距离在长度上是可公度的。因此，射线可公度性的完美程度几乎与四面体一样好，但是除此之外，它的不完美程度就像十二面体及其同伴一样糟糕。因此，属于它的物理镶嵌，既不绝对是四面体的，也不绝对是十二面体的，而是一种中间类型。因为四面体的面会触及天球的外表面，但十二面体不能到达而隔开一定距离，那就需要这个带倒边的星状多面体立在二十面体空间和内切球的极端之间，几乎达到这个极端，当然，其前提是这个多面体也可以被接纳到其他五个的团队中，并

① 开普勒在这里把“十二面体”和“二十面体”说反了。——译者注

且它的规则有可能被团队的规则所容许。为什么我说"有可能被容许?"因为不然就行不通。这是因为,如果镶嵌是松弛的,并不触及十二面体,那么除了这个附属多面体,还有什么能把这个无限松弛的约束限制在一定的数量范围内呢?该附属多面体与十二面体和二十面体同宗,几乎与它的内切球相切触,并且不足(如果确实不足)程度不多于四面体的超越和穿透程度。我们将在下文中讨论具体数值。

根据海胆与两个同宗多面体的关系得出的这个原因(用于确定尚未知的火星与金星的天球之比),很可能是基于以下事实:地球天球的半径1000非常接近于火星的近日天球与金星的远日天球的比例中项,海胆对与之同宗的多面体似乎尽量按比例分割了指定的区间。

命题48. 正多面体在行星天球之间的镶嵌并非完全自由;因为它在细节上受到建立在极端运动之间的和谐比的限制。

这是因为,根据**公理1**和**公理2**,每个多面体的两个球之比,应该不是由它们自身直接表达出来的,而是首先借助最接近两个球之比的和谐比找到,然后调整到极端运动。

其次,根据**公理18**和**公理20**,为了使两种类型的普遍和声可以存在,必须根据后验理由对各行星对的较大和谐比做一些调节。因此,根据第三章中阐述的运动定律,为了使它们成立并得到自有论据的支持,需要的距离与多面体在诸天球之间完美镶嵌得出的距离会有所不同。为了证明这一点,并说明对于单颗行星,由适当论据证实的和谐性引起的具体数值变化是多少,让我们通过前人从未用过的一种新的计算方法,来导出行星到太阳的距离。

现在,这个探索有三项任务。第一,由每颗行星的两个极端运动求出它到太阳的对应极端距离,并由此求出用每颗行星固有极端距离度量的天球半径。第二,由在所有情况下以相同单位度量的极端运动,求出平均运动及它们之间的比。第三,由已经求得的平均运动之比,求出天球或平均距离与极端距离之比,并把平均距离之比与多面体的各种比值进行比较。

对第一项任务，我们必须重复第三章第六款所述，即极端运动之比如同到太阳对应距离之比倒数的平方。由于平方数之比是它们的边[①]之比的平方，所以表示极端运动的数字将被看作平方数，其平方根将给出极端距离。由其算术平均值可以求出天球的半径和偏心距。迄今为止已确认的和谐比在表9.1中列出。

表9.1 行星轨道偏心率的推导[②]

行星	根据的命题	运动之比	运动之比的平方根	轨道半径	偏心距	取轨道半径为100000时的偏心距
土星	38	64:81	80:90	85	5	5882
木星	38	6561:8000	81000:89444	85222	4222	4954
火星	41	25:36	50:60	55	5	9091
地球	28	2916:3125	93531:96825	95178	1647	1730
金星	28	243:250	9859:10000	99295	705	710
水星	45	5:12	63250:98000	80625	17375	21551

对第二项任务需要用到第三章第十二款，其中说明了，平均运动既小于两极端运动的算术平均值，也小于它们的几何平均值，且后一个差额是上述两个平均值之差的一半。又因为我们研究的是在相同单位中的所有平均运动，因此，设把迄今为止已确定的所有两颗行星的平均运动之比，以及所有单颗行星的固有比，都用它们的最小公因子来度量。然后求平均值：计算每颗行星两个极端运动之和的一半得到算术平均值，计算两个极端运动乘积的平方根得到几何平均值，然后把几何平均值减去上述两个平均值差额的一半，得到用每个极端运动的固有比表示的平均运动值，而这些平均值容易按比例转化到极端运动的公共单位中，结果见表9.2。

① 平方数是两个因子相乘得到的数，这两个因子被称为平方数的边。类似地定义立方数的边。——译者注

② 本表中“运动之比”列的数据是表4.5“视周日运动”列数据的整数拟合，其误差一般在1%以下，除了水星的稍大为2.6%，其右列自然是通过开平方根得到，下一列“轨道半径”是“平方根”列对应比值前后项的算术平均值（当然是在某种相对单位下），而“偏心距”列则是“平方根”列对应比值前后项之差，最右列是偏心距/轨道半径的100000倍，它除以100000即得到轨道偏心率。容易看出，金星的偏心率为0.71%，为最小；水星为21.55%，为最大。——译者注

表9.2 行星视运动中的和谐比①

行星对的和谐比	视极端运动的值		单颗行星的固有比	单颗行星视极端运动的平均		两个平均值差值之半	单颗行星的视平均运动	
				几何的	算术的		固有单位	公共单位
1	土星	139968	64					
				72.50	72.00	.25	71.75	156917
1	土星	177147	81					
2	木星	354294	6561					
				7280.5	7244.9	17.8	7227.1	390263
5	木星	432000	8000					
24	火星	2073600	25					
				30.50	30.00	.25	29.75	2467584
2	火星	2985984	36					
32 3	地球	4478976	2916					
				3020.500	3018.692	.904	3017.788	4635322
5	地球	4800000	3125					
5	金星	7464960	243					
				246.500	246.475	.0125	246.4625	7571328
1 3 8	金星	7680000	250					
5	水星	12800000	5					
				8.500	7.746	.377	7.369	18864680
4	水星	30720000	12					

因此，由指定的和谐比可以找到平均周日运动之比，也就是每颗行星以度、分等为单位的值之比，很容易检查它们与天文学数字的接近程度。

对第三项任务需要用到第三章第八款。找到了各颗行星中平均周日运动之比以后，我们也可以找到它们的天球之比，因为平均运动之比是天球之比倒数的$\frac{3}{2}$次

① 本表中"和谐比"列和"固有比"列的数据是对表4.5"视周日运动"列数据的小整数拟合。"极端运动"列的数据是根据这些推算出来的。首先取第一个数字（土星的远日运动）为 37 × 26 = 139968，然后利用左起第三列中的比值得到第二个数字为 139968 × 81 ÷ 64 = 177147，再利用"固有比"列的比值得到第三个数字为 177147 × 2 ÷1 = 354294，又得到第四个数字为 354294 × 8000 ÷6561 ≈ 43200，第五个数字为 43200 × 24 ÷ 5 = 2073600，以此类推。译者验算了一下，这一列的数字可以看作表4.5"视周日运动"列的秒数乘以 22 × 60 得到，误差不超过1.5%。本表的最右两列，单颗行星的视平均运动，在固有单位下就是左面两个平均值（几何与算术）的平均值之半；在公共单位下，显然与表4.1中的周期数值成反比。——译者注

方。然而在克拉维乌斯(Clavius)《实用几何》(*Practical Geometry*)附表中,立方数之比也就是与之有相同边的平方数之比的$\frac{3}{2}$次方。因此,如果我们在该表的立方数中找到了平均运动的值(必要时简约到相同位数),其左侧“平方”标题下的值就是天球之比。因此,上面归属于单颗行星的偏心距(与每颗行星半径有相同单位),都容易按比例转换到对所有行星为公共的单位;进而把天球半径与那些值加减,就可以确定各颗行星到太阳的极端距离。按照天文学中的惯例,我们将取地球天球的半径为100000,其目的是使这个数字,无论取平方根还是取立方根,[①]都是在“1”后面有一串零。因此,我们也将取地球的平均运动为1000000000,按比例使每颗行星的平均运动值与地球的平均运动值之比,为1000000000与新值之比。这样只需要计算五个立方根,然后将它们分别与地球的值比较即可。其结果见表9.3。

表9.3 根据第三定律由周期计算行星的极端距离[②]

	平均运动的值		在平方表中找到的天球之比	轨道半径	偏心距		得到的极端距离	
	原单位	新单位(倒数)			固有单位	公共单位	远日距	近日距
	a	*b*	*c*	*d*	*e*	*f*	*g*	*h*
土星	156917	29539960	9556	85	5	562	10118	8994
木星	390263	11877400	5206	85222	4222	258	5464	4948
火星	2467584	1878483	1523	55	5	138	1661	1384
地球	4635322	1000000	1000	95178	1647	17	1017	983
金星	7571328	612220	721	99295	705	5	726	716
水星	18864680	245714	392	80625	17375	85	476	308

行星的极端距离见表4.3的最右两列;[③]它们全部都与我从第谷·布拉赫的观测

① 原文为:“无论是平方还是立方”。——译者注

② 表9.3中a列是表4.1中的周期的倒数乘一个放大因子,b列是a列的倒数,并做尺度变换使$b_{地球}=1000000$,即$b_{行星}=\left(\frac{a_{地球}}{a_{行星}}\right)\times 1000000$,其实根据周期值直接写出$b$列会更简单些。$c=\frac{b^{\frac{2}{3}}}{10}$,$d$,$e$分别取自表9.1的“轨道半径”和“偏心距”列,$f=c\times\frac{e}{d}$,$g=c+f$,$h=c-f$。——译者注

③ 原文为:“可以算出一对行星之间的相向距离是多少。”——译者注

结果中找到的数字非常接近。[①②] 水星的差异稍大,因此天文观测给出的470388和306[③]看来都偏小。不一致的原因似乎或者在于观测数据不足,或者在于偏心率的大小不一,见第三章。不过我现在要赶快结束这个计算。

现在容易把多面体内外球半径与行星到太阳的一些距离作比较。[④]见表9.4。

表9.4 由多面体内外球得到的天球半径及其与实测数据之比较

通常取作100000的外接球半径对以下多面体分别取为		于是内切球半径对以下行星的变化分别为		由和谐比导出的一些距离分别为	
立方体	8994	土星由57735成为	5194	木星的平均距离	5206
四面体	4948	木星由33333成为	1649	火星的远日距	1661
十二面体	1384	火星由79465成为	1100	地球的远日距	1018
二十面体	983	地球由79465成为	781	金星的远日距	726
“海胆”	1384	火星由52573成为	728	金星的远日距	726
八面体	716	金星由57735成为	413	水星的平均距离	392
八面体的正方形	716	金星由70711成为	506	水星的远日距	476
	或476	水星由70711成为	336	水星的近日距	308

也就是说,立方体的面下降到略低于木星的中间圆;八面体的面还未达到水星的中间圆;四面体的面下降到略低于火星的最高圆;海胆的边还不到金星的最大圆;十二面体的面远远达不到地球的远日圆;二十面体的面几乎以同样比例达不到金星的远日圆;最后,八面体的正方形完全不合适,但这没有什么不妥。平面图形在立体形中会有什么重要性呢?如果行星到太阳的距离是从迄今为止得到的运动的和谐比推导出来的,那么距离的大小必定如同和谐比所容许的,而不是如同**命题45**规定的自由镶嵌法所容许的。根据本书开首处盖伦话语的意思,这个完美镶嵌的“几何宇宙”并不完全符合其他“可能的和谐宇宙”。为了说明这个论点,必须用实际数字计算来演示。

① 第谷·布拉赫观测得到的极端距离,在第四章(表4.3:行星的极端距离中是否存在和谐比)中以相同单位给出。——译者注

② 译者验算的结果,除了水星的370有1.26%的误差,其他数据的最大误差为0.65%。——译者注

③ 表4.3给出的数字是307。——译者注

④ 原文为“现在容易把多面体内外球之比与相向距离之比作比较”。——译者注

我不掩饰以下事实,如果我用金星运动的固有比来增加金星与水星相向运动的和谐程度,其后果是水星的固有比将减少同样的数目,然后将得到水星到太阳的距离为469388307,这将非常精确地符合天文学给出的数值。但是首先,我无法用和谐的理由为这种减少辩护,因为水星的远日运动将不符合任何音阶。其次,在世界上相互对立的行星中,对立性的完整模式并未在所有属性中保留下来。最后,水星的平均周日运动会太大,在整个天文学中最为确定的水星周期被缩短太多。因此,我坚持这里所应用的并在整个第九章里得到确认的和谐体制。无论如何,我要通过这个例子向有机会阅读本书的所有读者挑战,你们中间的许多人都具有数学学科和最高哲学的知识:来吧,积极行动起来,或者抛弃这一种处处相互关联的和谐而换成另一种,试试你能否接近第四章中给出的天文学,或者理性地争辩,看看你是否可以对天体运动建立更好更合适的东西,并且部分或全部推翻我应用的论据。这本书中贡献给我们的创世主和神的荣耀的所有一切,也同等地贡献给你;假设时至当下,我自己仍然可以自由地改变我发现的任何东西,这些东西前几天或是因为粗心大意,或是因为一时冲动而被错误地表达了。

结语49. *对距离的起源,多面体论据应该在需要时让位给和谐论据,两颗行星的主要和声应该在需要时让位给所有行星的普遍和声。*

拜神所赐,我们到达了49,即7的平方;使得这可能像一个安息日,接续前面有关天上构造的六组各八题的讨论。此外,尽管下面的内容可以放在早先的公理中,但我想把它们放在结语中更加合适;因为上帝也享受祂创造的工作,“神看着一切都很好。”①

结语分为两部分。第一部分是关于和谐的一般说明:如果需要在权重不同的事物之间做选择,更出色的东西应该是首选,只要有必要,劣质的东西就应该淘汰。这就是增光添彩这个词的意思。和谐的增光添彩胜过简单的几何,就像生活胜过

①《创世纪》I:31。

肉体,形式胜过物质。

活体生来就是要得到生命,它遵循了本质上神圣的世界原型,正像生命完善了活体,运动度量了分配给诸行星的区域,每个区域有它自己的行星,因为这个区域就是特别分配给这颗行星运行的。五个正多面体,这个名称与区域的空间数目以及实体有关,而和谐比却与运动有关。又因为物质本身是分散的,是不确定的;而形式是确定的,是统一的,是决定物质的,所以几何比有无数个,但和谐比却只有很少的几个。因为在几何比中虽然存在着一定程度的确定、形成和限制,但归属于正多面体的球体中的几何比却不能超过三个;不过无论如何,甚至对所有其余的也有一个共同的机遇:这就是预设了无限种可能的分割。比值中那些相互不可公度的项,也以某种方式在现实中参与。但是和谐比都是有理的,它们全部都是可公度的,并取自确定和有限的一些平面图形。无限可分性是物质的标识,而可公度性或有理性是形式的标识。因此,物质追求形式,就像一块大小适中的粗糙石头追求人体的形状,多面体中的几何比追求和谐——不是为了塑造和形成那些和谐,而是因为它们更适合于这种形式。因此,为了使它们能更充分地塑造和形成,石头被雕凿成有生命物体的形状;多面体内外球之比则靠它自己,通过接近和匹配实现和谐。

回顾一下我的发现史,迄今为止我所说的东西将变得更加清楚。自从我二十四年前开始沉浸于这个思考中,我首先探究单颗行星天球彼此之间的距离是否相等(因为在哥白尼的理论中天球是分开的,彼此不接触的),我认为没有什么别的东西比等比更美丽了。但是这种比值并未给我任何头绪:因为这种物质上的相等不能提供运动物体的确定数字,不能提供距离的确定尺寸。因此,我深入思考了距离与天球之比的相似性。但同样的问题接踵而至。因为虽然可以肯定的是,天球之间的距离总的说来不相等,但这种不相等不是哥白尼希望的那种不均匀的不相等,[①]它既没有给出比值的大小,也没有给出球的个数。我考察平面正多边形:它们通过归属于圆而形成了距离。我又转向五种正多面体,从而得到了天球个数和距离的大致正确的数值,于是,我试图把剩下的差异归结于天文学精度。近二十年来天文学进展很大;但是请注意,在距离和多面体之间仍然有不一致之处,且诸行星偏心率不等之原因也尚未被揭晓。也就是说,在这个世界的居所里,我不只是探究为什么石头有更优雅的形状,也探究石头更适合什么形状,却不知道雕刻家已经把石头塑造成有生命物体的非常生动的形象。所以渐渐地,尤其是在最近三年里,我转向和谐,在最大限度上放弃了多面体,既因为基于经过最后润色的和谐产生了形式,而正多面体则基于物料,正多面体只是世界上物体的数量和距离的粗略量度,也因为和谐给出了偏心率,而多面体甚至不能对此有所承诺,也就是说,和谐做出了雕像的鼻子、眼睛和剩下的四肢,正多面体只是粗略地规定了物体的粗糙外形尺寸。

因此,正如无论有生命的活体还是石块通常都不是按照某种几何图形的纯粹规则制成的,而是从丰满的外形中精巧地去除某些东西只留下主体,以使身体得到生命必需的器官,石头是活体的映象;比值也是如此,正多面体为行星天球提供的预设是初等的,只涉及本体和质料,只要有需求它就必须让位于和谐,以便和谐能够接近并装饰星球的运动。

结语的第二部分涉及普遍和声,它的证明与前一个证明密切相关。事实上,它的一部分已在前面的**公理18**中假设过。作为完美性的最后润色,最好应用使世界更加完美的东西;相反,如果必须二中择一,那么位居第二的东西将被去掉。与相邻两颗行星的单独和声相比,所有一切的普遍和声更能使世界完美。因为和谐性是统一性的某种标识;如果诸行星都在同一个和声中完美相处,而不是两两分别有

① 1952年的英译本中为"unequally equal",1997年的英译本中为"unequally unequal"。二者的意思都不清楚。——中译者注

和声，它们将更加统一。所以，如果二者发生冲突，一对行星的一对和声之一必须让步，使所有一切的普遍和声能够脱颖而出。与较小的和谐比，即相向运动的和谐比相比较，较大的和谐比，即相背运动的和谐比更应该让步。这是因为，如果在相背运动中背离，那么它们不是朝向给定的行星对，而是朝向其他相邻行星；而如果在相向运动中趋近，那么正好相反，一颗行星趋近另一颗。例如，在木星和火星这一对中，木星的远日运动趋向于土星，而火星的近日运动趋向于地球；但木星的近日运动趋向于接近火星，而火星的近日运动趋向于木星。因此，相向运动的和谐更适合于木星和火星；而它们的相背运动的和谐在某种程度上并不重要。

如果需要调整的不是存在于相邻行星的较接近相邻运动之间的比，而是与它们的较不相干且相距较远的和谐比，那么行星对与相邻行星组合的关系受损害会较少。这种调整不会很大。因为已经找到了使得所有行星的两种普遍和声都可能存在的关系，以及在两种不同类型，且调音范围至少为一个音差的相邻行星对中，相邻行星对的两个单独和谐也可以保持的关系。事实上，四对行星中相向运动的完美和谐，一对行星远日运动的完美和谐，以及两对行星近日运动的完美和谐也都可以实现；但在四对相背运动中，与和谐的差异有一个第西斯。这是一个非常小的音程，带数字低音旋律中的人声几乎总是有这样的走调。然而，对于木星与火星的特殊情况，差异在第西斯和半音之间。因此很明显，这种相互让步的效果处处都很好。

至此，我们对上帝造物主的工作“推送了我们的结语”。我剩下的最终工作是，把我的双手双目远离证明列表，高举双手并抬头面向上苍，向光明之父虔诚地祈祷：

哦，祢以自然之光在我们心中唤起了对恩泽之光的渴望，从而祢可以把我们带向荣耀之光；我感谢祢，因为祢的造物杰作使我陶醉，而我已从祢的亲手制作中受到了教诲。看，我已经运用祢赋予我的所有才智，完成了我宣称的工作。我向人们展示了祢的作品的荣耀，他们将阅读我的那些范例，这是我的有限心灵所能理解的它的无限。我的才智已经准备好面对哲学的最精妙细节。如果我对祢的意图做了任何不妥的表述，那是因为我这条卑微可怜的蠕虫，生来就被滋养在罪恶中，但我希望人们知道这一点，鼓励我改正错误；如果我被祢至极美妙的作品所吸引而冒失鲁莽，或者如果当我推送本意是颂扬祢的荣耀的工作时却称道自己，务请仁慈地宽恕我；最后，敬请屈尊让我的证明有助于祢的荣耀和灵魂的救赎，而绝对不会成为这个过程中的障碍。

第十章

尾声:关于太阳的猜想

· *Epilogue Concerning the Sun, by Way of Conjecture* ·

从天上的音乐到聆听者,从诸缪斯女神到阿波罗领舞者,从环绕太阳运行并与之和谐的六颗行星到停留在所有轨道的中心并绕轴自转的太阳,一切都是如此协调。

——开普勒

从天上的音乐到聆听者,从诸缪斯女神到阿波罗领舞者,从环绕太阳运行并与之和谐的六颗行星到停留在所有轨道的中心并绕轴自转的太阳,一切都是如此协调。

这是因为,虽然在行星的极端运动之间有最完善的和谐,它却并非相对于通过以太[①]的真实速度,而是相对于行星轨道周日弧两端与太阳中心连线形成的角度;但和谐并非为终端(单个运动)增光添彩,只有当把它们联结在一起并相互比较时才出现,它们成为某种心智的对象。又由于没有一个对象是无缘无故地被创建的,所以必定存在着它可以推动的某种东西,而那些角度似乎事实上意味着某种代理者,如同我们的视力或至少是相应的某种感知,相关内容见第四卷。

月下大自然可以感知来自行星的光线在地球上形成的角度;但对于地球上的居民来说,仍然不容易想象:在太阳中会看到什么,那里会有什么样的眼睛,或者甚至不用眼睛,用什么样的其他天性来感知这些角度,并评估运动的和谐,这种和谐通过不知道什么样的门户进入心扉,以及最后,太阳上有什么样的心智。无论那种心智是什么,这个围绕太阳的六个主要天球的组合,用它们永恒的旋转挚爱它和敬重它(就像木星被四个月亮,土星被两个月亮,而地球和我们作为它的居民,被一个月亮环绕、称颂、挚爱和抚育),而和谐这项特殊事务,作为太阳事务最高天意的一条非常清楚的线索,现在被添加到这项考虑中,从我这里奉上以下献词:

光不仅从太阳射向整个世界,如同来自世界的焦点或眼睛,如同来自内心的所有生命和温暖,如同来自统治者和推动者的每一个动作,反过来,光也根

◀ 开普勒(1881年,木版画)。

---

① 以太(ether)这个词在古希腊就开始使用,描述神呼吸的上层空气——苍穹太空。笛卡儿于17世纪首创用以太来描述存在于真空中的假想介质,后来被牛顿用来解释光的传播,成为大家熟悉的物理学名词,当然后来证明这种物质其实并不存在。本书写于17世纪初,开普勒应用的应该是上述以太的原始意义。——译者注

据高贵的法则，每一个令人愉悦的和谐的回报，从世界的每个角落，汇集到太阳中，两种流动形式汇合在一起，被某种心智联结成单一的和谐，如同用银币和金币铸成。最后，在太阳中有整个大自然王国的教廷、宫殿、政府或皇室，造物主赋予大自然的无论何种大臣、王室或长官以及一切，祂已经准备好了席位，或者祂在创世时已经备妥，或者在某个时刻移送至此。因为甚至就人世间装点的主要部分而言，在相当长时间里也一直缺少研究者和享用者，早已为他们指定的席次至今仍虚位以待。

因此，我的脑海中呈现这样的念头，在亚里士多德的书中，古人毕达哥拉斯所称的“世界中心”（他们称之为“火”，但应当理解为太阳）和“朱庇特的护卫”（希腊语“宙斯的护卫”），究竟意味着什么？同样，当古代诠释者将《圣经》中的诗句诠释为“祂将祂的帐篷安置在太阳上”时，他想的是什么？

但我最近碰巧也读了柏拉图主义哲学家普罗克洛斯（Proclus，在前几卷中已多次提到他）献给太阳的赞美诗，其中充满了值得敬重的奥秘，如果你从中删除短语“听从我”的话；尽管古代诠释者已经引用了这个短语，并在一定程度上解读，也就是，“祂将祂的帐篷安置在太阳上”，意思是祈求太阳。因为在普罗克洛斯生活的时代（在君士坦丁、马克森提乌斯和叛教者朱利安统治下），把拿撒勒的耶稣称为我们的救世主是犯罪，世界的统治者和民众本身对之都施加各种手段予以惩罚。[①]

事实上，普罗克洛斯从他的柏拉图主义哲学，凭借自然的理性之光，已经从远处看到了圣子，那照亮每个来到这个世界的人的真正的光，已经知道绝不能与一群超级暴民一起在理智的事情中寻求神性，他似乎更倾向于在太阳中而不是在活着的基督中寻找上帝。他是一个同时具有双重身份的人，他既可以只在口头上向诗中的太阳神致敬来欺骗异教徒，也可以投身于他的哲学，试图使异教徒和基督徒脱

① 开普勒这里搞错了，他提到的君主统治在四世纪，而普罗克洛斯生活在五世纪。在普罗克洛斯的时代，基督教是罗马帝国的主流宗教。

离能够感觉到的事物，对异教徒是看得见的太阳，对基督徒是玛利亚之子。因为过于相信理性的自然之光，他拒绝化身之谜，把基督徒所拥有最神圣，最符合柏拉图主义哲学的东西，拿来合并到他自己的哲学中。因此，反对基督福音教义的指责同样可以用来反对普罗克洛斯的这首赞美诗：让那个太阳神拥有属于他的东西："金色的缰绳"和"光的宝库、以太中间部分的席位、世界中心的一个辐射圈"，这些也是哥白尼赋予他的外观；甚至让他保留了"回归战车驾驭者"的地位，尽管根据古老的毕达哥拉斯学派，他并未占有它们。它们的位置是"中心"和"宙斯的护卫"。这个教义因岁月的更迭而变形，就像受洪水洗劫过一样，没有被他们的追随者普罗克洛斯认出，让他也保留他的子孙后代，以及任何其他自然的东西。

作为回报，让普罗克洛斯的哲学让位给基督教教义，让理智的太阳让位给玛利亚之子，上帝的儿子，他被普罗克洛斯称为提坦（太阳神），他是"生命和的护卫者和君主，源泉钥匙的持有者"，被形容为："他用激励灵魂的天意完成了所有事情"，他掌控着命运的巨大威力，以及福音传播之前任何哲学中都没有提到的东西，恶魔害怕他成为对他们威胁的天谴，恶魔埋伏着等待灵魂，"使得他们可以忘记高高在上的圣父的光芒四射的法庭"；除了圣父没有别人的话语，才是"神——所有一切的父亲的形象，当他从圣母那里显现时，万物间冲突的罪恶终止"，根据的是以下说法："地球原是一团混沌，黑暗笼罩在深渊之上，上帝从黑暗中取出光明，从水域中取出水，从旱地中取出海洋"，以及"所有一切都出自话语本身"。没有别人唯有拿撒勒的耶稣，上帝的儿子，"精神的振奋者"，灵魂的牧羊人，在祂面前有泪流满面的祈求者，使得祂可以清除我们的罪孽，洗净我们世世代代的污秽（如祂原谅了原罪），并且保护我们免受惩罚和邪恶，"使正义的敏捷之眼变得温和"，所指也许是圣父的愤怒？

我们还读到其他一些东西，如像取自撒迦利亚的赞美诗，"驱散毁灭人类的毒雾，也就是说，当灵魂在黑暗和死亡的阴影之中时，祂给予我们"圣光"和"来自虔诚的坚定祝福"：那就是时时刻刻用圣洁和正义侍奉上帝。

因此，让我们将这些和类似的东西放在一边，并将它们恢复到它们归属的天主教会的教义；但是让我们看看提到赞美诗的主要理由。这同一个太阳，“他从高处洒下和谐”，就像从太阳神福玻斯的宝库中跃出，“用祂的七弦琴演奏美妙的音乐，使祂吵闹的子孙安然入眠”，他的合唱同伴是阿波罗·佩恩，“他把和谐充满了整个宇宙，解除了痛苦”，我说，相同的太阳，在赞美诗的第一行中就作为“智慧之火的王者”受到致敬。

从这里开始，普罗克洛斯说明了毕达哥拉斯学派对火一词的理解(值得注意的是，对于大师给出的中心位置，学生并不认同，学生们认为中心是太阳本身)。同时，普罗克洛斯把他的整首赞美诗从太阳本体和能感觉到的阳光下的大自然转移到理智的事物中；他把太阳本体上的座位分配给他的“智慧之火”(也许是斯多葛学派[①]的创造之火)，这创造了他自己的柏拉图主义的上帝，他的上帝的主要思想或“纯粹智慧”，把受造之物和他的上帝，通过创造万物之主合而为一。

我们基督徒曾经被教导如何更好地区分永恒的和非创造的世界，哪个“与神同在”，哪个无处可觅，尽管它在万物之中，没有任何例外；然而它本身又在万物之外，深知它来自最荣耀的圣母玛利亚的子宫，成为完整的人形。当肉身工程完成后，祂占据祂天上的皇座，圣父也被认可居住在其中，作为世界的一部分，它以荣耀和威严驾驭所有其他部分，祂也被许可在祂父亲家中有祂忠诚的住所。至于其他，我们认为探索关于这个座位的进一步细节毫无意义，而使用自然感觉或理由去追求眼睛没有看到、耳朵没有听到或没有进入人们内心的东西，其实毫无意义。

事实上，我们当然应该把创造性思维归功于它的创造者，无论它是多么无可伦比地卓越超群；我们并不把智力看作亚里士多德和异教哲学家的神，也不将其看作

① 斯多葛学派(the Stoics)是塞浦路斯岛人芝诺(Zeno)(约公元前336—约前264年)于公元前300年左右在雅典创立的学派；认为世界理性决定事物的发展变化。所谓“世界理性”就是神性，它是世界的主宰，个人只不过是神的整体中的一部分。斯多葛学派是唯心主义的。——译者注

无数俗世精灵队伍和东方三博士[①],我们不会让他们受到崇拜,也不会让他们被神奇的魔法煽动而相互交往。对此特别小心,我们自由地询问每种想法可能有的本意,尤其是如果它在世界的心中起着世间灵魂的作用,并且更紧密地与事物的本性相联系(如果还有一些与人类有不同本性的智慧生物,恰好按它们的方式居住或将居住在另一个星球上)。

如果我们可以遵循类比的线索,穿越大自然奥秘的迷宫,我认为,以下论据不会是荒唐的:六个天球朝向它们的公共中心(从而是整个世界的中心)的配置,等同于思想与灵魂之间的关系,如像亚里士多德、柏拉图、普罗克洛斯与其他人区分的那些能力那样;而且还有,个别行星围绕太阳的局部旋转相对于在整个系统中心的太阳的"不可改变的"旋转的配置,就像各种各样"可以想象的"和"可以理解的"论证的过程相对于灵魂的完全简单理解的配置那样。正如太阳的自转使所有行星都因来自太阳本身的辐射而运动,灵魂也是如此。正如哲学家教导我们的,思维通过理解自身和自身中所有的东西激励推理,并通过分散和展开其简单性到它们之中,使一切都可以理解。而行星围绕太阳的运动与推理过程如此紧密地交织联系在一起,以致如果地球,我们的家,没有走完它的年度圈而在其他天球之间不断改变位置,那么人类对行星之间的真实距离以及依赖于此的其他事物,永远不能做出成功的推理,而且永远不会建立天文学。(见《天文学的光学部分》,第九章)

另一方面,由于美丽优雅的对称性,太阳在世界中心的不动性与理解的简单性相对应。因为迄今为止我们都认为,太阳运动的那些和谐性,既不会被不同的方向,也不会被世界空间的多样性所限制。当然,如果任何心智从太阳上观察那些和谐性,那么对运动和对其所在的不同位置将没有参考物,而这种参考物关联着量度距离所必需的推理和思考。因此,如果具有必须属于它的天球的大小的先验知识,那就无须费力揣测,而柏拉图和普罗克洛斯已经讲得很清楚,这在一定程度上是正

① 东方三博士(Magi)指寻访初生基督的三位博士。——译者注

确的，无论是对人类的灵魂还是对月下的大自然都是如此。

如果情况确实如此，事实上也无须惊讶，如果某人过于随意地因从毕达哥拉斯的杯中痛饮一口而激动，对此普罗克洛斯在其赞美诗的第一行里已经直截了当地保证，如果他被行星合唱声令人愉悦的和谐所催眠，他会开始梦见在围绕太阳运行的许多其他星球中，散布着的思维或推理能力。在这些星球中的一个，那就是在人类的地球上，这种能力必定是最杰出的和绝对的，而在太阳屋里则有简单的智慧，“智慧之火”或“灵魂”，它是所有和谐的源泉。

如果第谷·布拉赫相信，那些荒芜浩瀚的星球不是毫无目的地存在于世界中，而是充满了居民，感受到上帝在地球上各种各样不同的工作和意图，我们是否也可以对其他星球如此假设呢？因为祂创造了生活在水中的物种，虽然那里没有生物呼吸需要的空气；祂把展翅飞翔的各种鸟类送入空中；祂给北方雪原以白熊和白狐，白熊捕食海中的鱼类，白狐食用鸟蛋；祂在利比亚的酷热沙漠里安置了狮子，在叙利亚的广阔平原上安置了骆驼，祂使一种动物耐饥，另一种耐渴。祂是否在地球上用尽了祂所有的技能，以至于祂不能，或者说用祂所有的美德都不能，也用合适的生物来装点其他星球？那些星球的特征是转动幅度不同或快慢不同，距离太阳有远有近，偏心率有大有小，有的明亮有的暗淡，支撑每个区域的多面体有着不同的性质。

看吧，如同地球上世世代代的生物，有着十二面体的雄性形象和二十面体的雌性形象（前者在外部支持地球的天球，后者在内部），最后，从在那个婚姻的神圣比及其不可表达性中的繁育形象，我们还能假设其他星球从其他多面体中得到了什么呢?有四个月亮在它们的轨道上束缚木星和两个月亮束缚土星，而我们的地球只有一个月亮，这对谁有好处呢？事实上，我们也可以用同样的方式讨论太阳。我们将把从和谐中得出的，其本身就是十分重要的猜想与其他猜想相结合，不过那些猜想更注重于肉体，更适合吸引普通人。是否太阳是空心的，其他是实心的，所有一切都十分一致?是不是正像地球吐出云朵,太阳吐出黑烟?是不是正像地球被雨水湿润使绿色植物成长,而太阳因为那些从它本体蹦出的燃烧点(它们完全在火焰中,有着光芒四射的小火朵)而变得光亮?如果球是空心的,那么所有这些设施为谁所用?可以容纳简单心智的这些感觉会不会在它栖居的火热身体中大声呼喊吗?事实上,如果太阳不是国王,它至少是"智力之火"的宫殿?

我特意打断梦境和浩瀚的猜想,只是随着皇家诗人大声呼喊:

伟哉,我们的主,大哉,主的卓越,祂无穷无尽的智慧。赞美祂,天空;赞美祂,太阳、月亮和行星,用无论哪一种感官去体验,无论哪一种语言去与你的造物主交谈;赞美祂,天上的和谐;赞美祂,已经显现的和谐的判官;而你也是我的灵魂,赞美主,你的创造者,只要我还活着。因为由祂,经过祂和在祂之中有的一切,"无论是可感觉得到的,还是智力的",无论是我们完全无知的还是已知的,都只是其中很小的一部分,因为还有很多进一步的东西。世世代代赞美祂,尊敬祂和荣耀祂。阿门。

结 束

全书于1618年5月17—27日完成;但是第五卷(本卷)于1619年2月9—19日(印刷过程中)修订。

于林茨(上奥地利省省会)

致　　谢

本书与音乐相关部分的翻译得到吴江博士的大力协助，彭靖珞女士帮助解读了一些英语难点，并与其夫君舒聪先生一起翻译了第三章中的小诗。高山读书群卞毓麟、吴国盛、陈学雷、孙正凡等教授提供了不少天文学知识，肖盾先生解读了一些音乐难点。另外，袁梦欣先生阅读了初稿并对行文用词提出了一些意见。在此一并致谢。

中译者：凌复华

科学元典丛书

1 天体运行论 [波兰] 哥白尼
2 关于托勒密和哥白尼两大世界体系的对话 [意] 伽利略
3 心血运动论 [英] 威廉·哈维
4 薛定谔讲演录 [奥地利] 薛定谔
5 自然哲学之数学原理 [英] 牛顿
6 牛顿光学 [英] 牛顿
7 惠更斯光论（附《惠更斯评传》） [荷兰] 惠更斯
8 怀疑的化学家 [英] 波义耳
9 化学哲学新体系 [英] 道尔顿
10 控制论 [美] 维纳
11 海陆的起源 [德] 魏格纳
12 物种起源（增订版） [英] 达尔文
13 热的解析理论 [法] 傅立叶
14 化学基础论 [法] 拉瓦锡
15 笛卡儿几何 [法] 笛卡儿
16 狭义与广义相对论浅说 [美] 爱因斯坦
17 人类在自然界的位置（全译本） [英] 赫胥黎
18 基因论 [美] 摩尔根
19 进化论与伦理学（全译本）（附《天演论》） [英] 赫胥黎
20 从存在到演化 [比利时] 普里戈金
21 地质学原理 [英] 莱伊尔
22 人类的由来及性选择 [英] 达尔文
23 希尔伯特几何基础 [德] 希尔伯特
24 人类和动物的表情 [英] 达尔文
25 条件反射：动物高级神经活动 [俄] 巴甫洛夫
26 电磁通论 [英] 麦克斯韦
27 居里夫人文选 [法] 玛丽·居里
28 计算机与人脑 [美] 冯·诺伊曼
29 人有人的用处——控制论与社会 [美] 维纳
30 李比希文选 [德] 李比希
31 世界的和谐 [德] 开普勒
32 遗传学经典文选 [奥地利] 孟德尔 等
33 德布罗意文选 [法] 德布罗意
34 行为主义 [美] 华生
35 人类与动物心理学讲义 [德] 冯特
36 心理学原理 [美] 詹姆斯
37 大脑两半球机能讲义 [俄] 巴甫洛夫
38 相对论的意义：爱因斯坦在普林斯顿大学的演讲 [美] 爱因斯坦
39 关于两门新科学的对谈 [意] 伽利略
40 玻尔讲演录 [丹麦] 玻尔

41 动物和植物在家养下的变异 [英]达尔文
42 攀援植物的运动和习性 [英]达尔文
43 食虫植物 [英]达尔文
44 宇宙发展史概论 [德]康德
45 兰科植物的受精 [英]达尔文
46 星云世界 [美]哈勃
47 费米讲演录 [美]费米
48 宇宙体系 [英]牛顿
49 对称 [德]外尔
50 植物的运动本领 [英]达尔文
51 博弈论与经济行为(60周年纪念版) [美]冯·诺伊曼 摩根斯坦
52 生命是什么(附《我的世界观》) [奥地利]薛定谔
53 同种植物的不同花型 [英]达尔文
54 生命的奇迹 [德]海克尔
55 阿基米德经典著作集 [古希腊]阿基米德
56 性心理学 [英]霭理士
57 宇宙之谜 [德]海克尔
58 植物界异花和自花受精的效果 [英]达尔文
59 盖伦经典著作选 [古罗马]盖伦
60 超穷数理论基础(茹尔丹 齐民友 注释) [德]康托
化学键的本质 [美]鲍林

科学元典丛书(彩图珍藏版)

自然哲学之数学原理(彩图珍藏版) [英]牛顿
物种起源(彩图珍藏版)(附《进化论的十大猜想》) [英]达尔文
狭义与广义相对论浅说(彩图珍藏版) [美]爱因斯坦
关于两门新科学的对话(彩图珍藏版) [意]伽利略

科学元典丛书(学生版)

1 天体运行论(学生版) [波兰]哥白尼
2 关于两门新科学的对话(学生版) [意]伽利略
3 笛卡儿几何(学生版) [法]笛卡儿
4 自然哲学之数学原理(学生版) [英]牛顿
5 化学基础论(学生版) [法]拉瓦锡
6 物种起源(学生版) [英]达尔文
7 基因论(学生版) [美]摩尔根
8 居里夫人文选(学生版) [法]玛丽·居里
9 狭义与广义相对论浅说(学生版) [美]爱因斯坦
10 海陆的起源(学生版) [德]魏格纳
11 生命是什么(学生版) [奥地利]薛定谔
12 化学键的本质(学生版) [美]鲍林
13 计算机与人脑(学生版) [美]冯·诺伊曼
14 从存在到演化(学生版) [比利时]普里戈金
15 九章算术(学生版) 〔汉〕张苍 耿寿昌
16 几何原本(学生版) [古希腊]欧几里得

达尔文经典著作系列

已出版：

物种起源	〔英〕达尔文 著　舒德干 等译
人类的由来及性选择	〔英〕达尔文 著　叶笃庄 译
人类和动物的表情	〔英〕达尔文 著　周邦立 译
动物和植物在家养下的变异	〔英〕达尔文 著　叶笃庄、方宗熙 译
攀援植物的运动和习性	〔英〕达尔文 著　张肇骞 译
食虫植物	〔英〕达尔文 著　石声汉 译　祝宗岭 校
植物的运动本领	〔英〕达尔文 著　娄昌后、周邦立、祝宗岭 译祝宗岭 校
兰科植物的受精	〔英〕达尔文 著　唐　进、汪发缵、陈心启、胡昌序 译　叶笃庄 校，陈心启 重校
同种植物的不同花型	〔英〕达尔文 著　叶笃庄 译
植物界异花和自花受精的效果	〔英〕达尔文 著　萧辅、季道藩、刘祖洞 译　季道藩 一校，陈心启 二校

即将出版：

腐殖土的形成与蚯蚓的作用	〔英〕达尔文 著　舒立福 译

全新改版·华美精装·大字彩图·书房必藏

科学元典丛书，销量超过100万册！

——你收藏的不仅仅是“纸”的艺术品，更是两千年人类文明史！

科学元典丛书（彩图珍藏版）除了沿袭丛书之前的优势和特色之外，还新增了三大亮点：

①增加了数百幅插图。

②增加了专家的“音频＋视频＋图文”导读。

③装帧设计全面升级，更典雅、更值得收藏。

名作名译·名家导读

《物种起源》由舒德干领衔翻译，他是中国科学院院士，国家自然科学奖一等奖获得者，西北大学早期生命研究所所长，西北大学博物馆馆长。2015年，舒德干教授重走达尔文航路，以高级科学顾问身份前往加拉帕戈斯群岛考察，幸运地目睹了达尔文在《物种起源》中描述的部分生物和进化证据。本书也由他亲自“音频＋视频＋图文”导读。

《自然哲学之数学原理》译者王克迪，系北京大学博士，中共中央党校教授、现代科学技术与科技哲学教研室主任。在英伦访学期间，曾多次寻访牛顿生活、学习和工作过的圣迹，对牛顿的思想有深入的研究。本书亦由他亲自“音频＋视频＋图文”导读。

《狭义与广义相对论浅说》译者杨润殷先生是著名学者、翻译家。校译者胡刚复（1892—1966）是中国近代物理学奠基人之一，著名的物理学家、教育家。本书由中国科学院李醒民教授撰写导读，中国科学院自然科学史研究所方在庆研究员“音频＋视频”导读。

《关于两门新科学的对话》译者北京大学物理学武际可教授，曾任中国力学学会副理事长、计算力学专业委员会副主任、《力学与实践》期刊主编、《固体力学学报》编委、吉林大学兼职教授。本书亦由他亲自导读。

第二届中国出版政府奖（提名奖）
第三届中华优秀出版物奖（提名奖）
第五届国家图书馆文津图书奖第一名
中国大学出版社图书奖第九届优秀畅销书奖一等奖
2009年度全行业优秀畅销品种
2009年影响教师的100本图书
2009年度最值得一读的30本好书
2009年度引进版科技类优秀图书奖
第二届（2010年）百种优秀青春读物
第六届吴大猷科学普及著作奖佳作奖（中国台湾）
第二届“中国科普作家协会优秀科普作品奖”优秀奖
2012年全国优秀科普作品
2013年度教师喜爱的100本书

科学的旅程

（珍藏版）

雷·斯潘根贝格　戴安娜·莫泽 著
郭奕玲　陈蓉霞　沈慧君 译

物理学之美

（插图珍藏版）

杨建邺 著

500幅珍贵历史图片；震撼宇宙的思想之美

著名物理学家杨振宁作序推荐；
获北京市科协科普创作基金资助。

九堂简短有趣的通识课，带你倾听科学与诗的对话，
重访物理学史上那些美丽的瞬间，接近最真实的科学史。

第六届吴大猷科学普及著作奖
2012年全国优秀科普作品奖
第六届北京市优秀科普作品奖

美妙的数学

（插图珍藏版）

吴振奎 著

引导学生欣赏数学之美

揭示数学思维的底层逻辑

凸显数学文化与日常生活的关系

200余幅插图，数十个趣味小贴士和大师语录，全面展现
数、形、曲线、抽象、无穷等知识之美；
古老的数学，有说不完的故事，也有解不开的谜题。